工业遗产保护与更新设计策略研究

王 蓉 著

中国戏剧出版社

图书在版编目（CIP）数据

工业遗产保护与更新设计策略研究 / 王蓉著 . -- 北京：
中国戏剧出版社，2022.10
ISBN 978-7-104-05225-8

Ⅰ . ①工… Ⅱ . ①王… Ⅲ . ①工业建筑—文化遗产—
保护—研究—中国 Ⅳ . ① TU27

中国版本图书馆 CIP 数据核字 (2022) 第 096278 号

工业遗产保护与更新设计策略研究

责任编辑： 邢俊华
责任印制： 冯志强

出版发行： 中国戏剧出版社
出 版 人： 樊国宾
社　　址： 北京市西城区天宁寺前街 2 号国家音乐产业基地 L 座
邮　　编： 100055
网　　址： www. theatrebook. cn
电　　话： 010-63385980（总编室）　010-63381560（发行部）
传　　真： 010-63381560

读者服务： 010-63381560
邮购地址： 北京市西城区天宁寺前街 2 号国家音乐产业基地 L 座

印　　刷： 天津和萱印刷有限公司
开　　本： 787mm × 1092mm 1 / 16
印　　张： 10.75
字　　数： 192 千字
版　　次： 2022 年 10 月　北京第 1 版第 1 次印刷
书　　号： ISBN 978-7-104-05225-8
定　　价： 72.00 元

前　言

20 世纪后期，国内外学者对于工业遗产的价值，从建筑学、遗产保护学、经济学等角度展开了众多研究。中华人民共和国工业和信息化部在 2016 年支持成立中国工业遗产联盟，从 2017 年开始评选工业遗产，且推出“国家工业遗产名单”。中国科学技术协会也在 2018 年开始发布“中国工业遗产保护名录”。中国科学院自然科学史研究所组织编写“中国工业遗产示例”，联合国内众多技术史学者，发挥科技史学科的优势，有选择地阐述矿冶、机械、交通、能源、纺织、化工等领域具有代表性的 28 处工业遗产。这些遗产既包括古代遗存，又包括建设于 19 世纪末和 20 世纪的工矿企业、铁路和其他工程，图文并茂地介绍了它们的历史概况、遗存现状及其技术史价值，借此为工业遗产调研、保护和开发事业提供学术支持。近年来，中国的政府机构、企业和学者开始致力于工业遗产的研究和保护，但人们对工业遗产的研究尚存在一定的局限性和认知偏差。鉴于这种状况，本书围绕工业遗产保护与更新设计策略展开了研究。

本书的内容共分为五章。第一章是“工业遗产的整体解读”，分为两方面的内容，分别是“工业遗产的相关概述”“中国工业遗产的发展”。本书第二章为“中国工业遗产的价值与评价分析”，主要从“中国工业遗产价值的构成”“中国工业遗产价值的评析”这两方面展开论述。本书第三章是“中国工业遗产保护策略研究”，包括三方面的内容，分别是“我国工业遗产保护情况”“工业遗产保护意义分析”“我国工业遗产保护规划设计”。本书第四章为“中国工业遗产更新设计优化路径”，包括三方面的内容，分别是“工业遗产更新设计的思路”“工业遗产更新设计的策略”“工业遗产更新设计的实践”。第五章是“中国工业遗产在新时代的发展”，论述了“中国工业遗产与其他产业的结合”以及“对于中国工业遗产未来的思考”。

在撰写本书的过程中，笔者得到了许多专家学者的帮助和指导，参考了大量的学术文献，在此表示真诚的感谢。本书内容系统全面，论述条理清晰、深入浅出，但由于笔者水平有限，书中难免会有疏漏之处，希望广大同行及时指正。

王蓉

2022 年 5 月

目录

第一章　工业遗产的整体解读

本章的内容是工业遗产的整体解读，分为两方面的内容，分别是“工业遗产的相关概述”“中国工业遗产的发展”，促使广大读者在此基础上能够对工业遗产有一个比较全面的认识。

第一节　工业遗产的相关概述

一、工业遗产的概念

（一）工业遗产

近代以来，工业革命使生产力得到空前提高并推动城市不断产生和扩大。在人类由工业社会向信息社会迈进的历史进程中，由于受“工业体系”的影响，城市不同程度地遗留着象征工业社会时代的物品，也就是我们今天要探讨的“工业遗产”，目前工业遗产在常见的英文文献中一般译为“Industrial Heritage”。

由于文明程度的提高和城市化进程的加快，人们用了近一百年的时间改变了对工业遗产的认知。19 世纪末 20 世纪初，人们更多地认为工业遗产的留存是对环境和风景的极大破坏。20 世纪 70 年代，在全球化、城市化和现代化的背景下，人们普遍认为工业遗产缺乏美感和吸引力。20 世纪晚期，由于美学价值观的转变以及科学技术的进步，工业遗产开始成为具有时代特色、文化价值和美学特征的历史印迹。如今，工业遗产在世界各国的发展中都占据了一定的地位，引起了众多专家、党政工作人员的重视。

（二）工业遗产改造

中华人民共和国工业和信息化部（简称“工信部”）2018 年印发的《国家工业遗产管理暂行办法》指出，鼓励以工业遗产为基础和依托，建设工业博物馆，对于工业遗产中的各类历史遗产进行梳理和总结，以遗产保护与开发为核心，建立工业博物馆，完善工业遗产相关内容的收藏、研究、展示和教育功能。

二、工业文化遗产的类型及特点

工业文化遗产的价值是多元的，工业文化遗产的类型是多样的。对工业文化遗产进行分类是一个难题。即使在同一分类标准下，不同类型工业文化遗产的界限也不是泾渭分明的。需要认识到，工业发展具有不同的维度，包括内涵、空间与时间，每一种维度都可以单独构成工业文化遗产的分类标准。

首先，工业发展的内涵维度体现于行业划分。按行业来对工业文化遗产进行分类是一种非常直观的合乎逻辑的分类标准，符合工业自身的演化规律。不过，工业作为一种体系，其行业纷繁复杂，在大行业之下又有细分行业或小行业，选取何种尺度的行业为标准，是一个难题。更加困难的是，一方面，随着工业的发展，旧的行业会消灭，新的行业会诞生，但历史存在的行业数量总体是增长的，若行业尺度选择不恰当，工业文化遗产将会面临种类太多的难题；另一方面，在市场竞争中，不少工业企业会选择跨行业发展，这也会使一些工业文化遗产难以归类至单一行业中。

其次，工业发展的空间维度体现于地域划分。按地域来对工业文化遗产进行分类是另一种非常直观的分类标准。但这种分类标准的问题在于，地域本身是不固定的行政规划的产物，某一工业文化遗产可能在历史上属于某一省，在今天属于另一省，在未来也不排除又被划归至新的地域，这使得地域标准本身很难构成一种稳定的标准。进一步说，对于工业发展而言，地域因素有时候具有重要影响，有时候并不能反映工业演化内在的技术变迁等规律，这也削弱了以地域为工业文化遗产分类标准的价值内涵。

最后，很多时候人们尝试通过时间来对工业遗产进行分类。但是依据时间维度即工业发展阶段对工业文化遗产进行分类是否毫无问题呢？答案是否定的。由于工业建设的长期性与累积性，部分工业文化遗产的时代跨度很长，历史上的企业性质也较为复杂。例如，济南二机床集团的历史可以追溯至1937年日本人建立的兵工厂，但该企业转向机床制造是20世纪50年代的事，并在此后才有真正的大发展，其保存的物质工业文化遗产从源头上说，属于近代工业文化遗产，但从文化价值来说，无疑更适合归类为当代工业文化遗产。再如，贵州茅台工业遗产可追溯至传统手工酿酒作坊，但现代工业文化遗产也是其不可分割的一部分。又如，青岛啤酒工业遗产按照创办者性质划分为近代外资工业遗产，但该企业早已不是外资性质。因此，时间维度或历史阶段也不是划分工业文化遗产类型的完美标准。

但是，若将工业文化遗产视为国家构建集体记忆的一种资源，则按国家历史发展阶段对工业史进行阶段划分，进而对工业文化遗产进行时间维度的分类，是合适的。在这种标准下，中国工业文化遗产可以分为8类：传统手工艺遗产、晚清洋务企业遗产、近代民族工业遗产、近代外资工业遗产、新中国"156项工程"工业遗产、社会主义建设工业遗产、三线建设企业遗产、改革开放工业遗产。（如表1-1-1所示）

表 1-1-1　中国工业文化遗产的主要类型及其特点

类型	形成时代	特点	代表
传统手工业遗产	1840年以前	中国传统手工业曾长期领先于世界，部分手工业在近代也出现了工业化的变革，形成了具有传统文化特色的工业文化遗产	自贡井盐遗产、南京龙江船厂遗产、景德镇陶瓷遗产
晚清洋务企业遗产	1860—1890年	晚清洋务派大臣开办的企业拉开了中国工业化的序幕，不少企业均为中国首创，其形成的工业文化遗产在近代中国工业文化遗产中具有特殊重要性	江南造船厂遗产、福建船政遗产、开滦煤矿遗产、汉冶萍遗产
近代民族工业遗产	1860—1949年	随着中国工业化进程的展开，除洋务企业外，中国的民间资本也开始进入工业领域。民国时期，无论是国家资本还是民间资本，均创设了一批重要的工业企业，并形成工业文化遗产	张裕酒厂遗产、南通张謇企业遗产、昆明石龙坝电厂遗产、无锡荣家企业遗产
近代外资工业遗产	1840—1949年	鸦片战争以后，外国资本进入中国，并创办了一批工业企业，其中部分形成了工业文化遗产	汉口平和打包厂遗产、青岛啤酒遗产
新中国"156项工程"工业遗产	20世纪50年代	"一五"计划期间，中国依靠苏联等国大规模技术转移建立了一批以重工业为主的工矿企业，不少项目留下了工业文化遗产，在中华人民共和国工业文化遗产中具有特殊重要性	洛阳拖拉机厂遗产、哈尔滨汽轮机厂遗产、第一重型机器厂遗产、武钢遗产
社会主义建设工业遗产	20世纪50—70年代	涵盖了1978年以前中国社会主义工业建设保留下来的各类工业文化遗产，其种类、层次较为多样	武汉铜材厂遗产、济南二机床集团遗产、西藏羊八井地热电站遗产
三线建设工业遗产	20世纪六七十年代	在1978年以前的中国工业文化遗产中，三线建设工业遗产因其特殊性而有必要单独作为一类	黎阳发动机厂遗产、第二汽车厂遗产、攀钢遗产
改革开放工业遗产	1978年以来	改革开放以来中国工业已经经历了40年的发展，时间已经长到足够形成最新的工业文化遗产了，但目前尚难以准确界定与指认	无锡中国乡镇企业博物馆遗产、宝钢遗产、三峡大坝遗产

其实，如果以工业史为标准进行细分，还有一些颇具特色的工业文化遗产值得一提，如抗日战争工业文化遗产等。标准是人类方便自己的工具，人不能被标准本身所局限。再一次说明，表 1-1-1 既不是唯一的分类标准，也不是绝对的类型划分，只是一种简明清晰的参考依据。

第二节　中国工业遗产的发展

结合上文的内容，我们可以认识到从工业发展的历史脉络来看，中国的工业文化遗产可以按照历史的发展阶段进行分类。这一分类不是唯一的标准，如果将工业精神视为工业文化遗产的核心价值，如此一来，包含着工业精神流变的工业史，将成为一种合适的定位工业文化遗产的时间坐标。中国是一个工业大国，有着丰富的工业文化遗产，这些工业文化遗产分布于全国各地，见证了中国工业史，传承着中国的工业精神，是开展工业旅游与工业文化研学的重要资源。

一、鸦片战争前的工业遗产

鸦片战争前，中国还是以传统手工业为主。工业考古学自诞生之初，就把其研究对象上溯至石器时代。在实践中，物质性的传统手工业遗存经常被视为工业文化遗产。但是，对于鸦片战争前的传统手工业是否应算作工业，目前各界尚缺乏共识。依据经典的马克思主义理论，现代大工业与传统手工业判然有别。现代工业依据产品服务的领域被划分为轻工业和重工业。

虽然传统手工业与现代工业具有较大差异，但也可以划分为生产生活资料的行业和生产生产资料的行业。生产生活资料的传统手工业行业包括纺纱、织布、刺绣、酿造、药材、陶瓷以及杂货制造等，这些行业的主体在工业时代或者被大工业所淘汰，或者演变为工艺美术产业，并形成非物质文化遗产。生产生产资料的传统手工业则主要为矿冶业。此外，古代遗留下来的桥梁、堤坝等工程如都江堰等，在宽泛的意义上也可以视为工业文化遗产。因此，传统手工业遗产是广义工业文化遗产的一部分。传统手工业遗产在中国的分布，与历史上形成的手工业经济区有直接关系。例如，传统陶瓷业的聚集地一般都形成了工业文化遗产，如景德镇、佛山等地的名窑。再如，江南地区素为明清两代的传统纺织业重镇，苏州、南京、杭州、无锡等地就留下了一批相关的工业文化遗产，各地均有自己的纺织类博物馆。

有一些行业的生产形态长期缺乏重大变化，其历史遗存亦较多，如酿造业、茶业等。在工业革命前，中国是全球的制造业中心，其席卷世界市场的产品主要为丝绸、陶瓷、茶叶等，而这些产业在中国不少地域均有分布，因此，中国传统手工业遗产主要以丝绸、陶瓷、茶业遗产为代表。这几类传统手工业遗产最能体现中国传统文化。

基于生产技术与制造方式，手工业与工业有一定的区别。但在工业史上，手工业与工业长期共存，由手工业向工业的转化是渐进的，这就使得一些传统手工业遗产与现代工业文化遗产杂糅并处，呈现出传统与现代的相融。广东佛山的陶瓷业是一个典型。早在新石器时代晚期，佛山石湾的先民已经学会制陶。北宋时期，石湾的陶器生产迎来了第一个兴盛期，石湾窑进行了一次窑灶改革，以龙窑代替唐代的馒头窑。龙窑依山而建，与地面呈 25°—30° 角，为长条斜坡式，一般长约 30 米，宽约 2.5 米，拱顶呈弧形状，整个窑灶内的容积为 136—150 立方米，每窑一次可烧中型碗 3 万—4 万件。明代以后，石湾地区窑场规模扩大，明朝正德年间，石湾窑又进行了一次窑灶改革，将龙窑改为“南风灶”，即把龙窑两旁的 2 排火眼改为 5 排，均布于窑背上，使窑内各部火候均匀，且便于控制烧成温度，窑的长度也从过去的 30 米增加至 40 米。这一改革既增加了窑的容量，又降低了废品率。

所以说，佛山石湾现存的南风灶就是一种典型的传统手工业遗产。不过，佛山的陶瓷业亦未止步于此。中华人民共和国成立后，石湾陶瓷业基本上实现了合作化的社会主义改造，1956—1957 年开始逐渐从日用陶瓷转入工业陶瓷的生产，到 1961 年共有 10 家国有企业。这些企业用注浆、滚压、冲压等新工艺革新了传统手工制陶工艺，也带来了石湾陶瓷业的新发展。1956 年，石湾开始发展化工陶瓷产品，1961 年开始转入生产细瓷日用器具。1966 年，广东省外贸部门投资 195 万元，在石湾日用陶瓷二厂建成了广东省第一条陶瓷隧道窑，并投入生产使用，掀起了石湾陶瓷业的窑炉革命。这些在生产工艺上实现了工业化的陶瓷工厂也留下了老厂房，作为现代工业文化遗产，紧挨着古老的南风灶，呈现出传统与现代交融的遗产景观。

传统手工业不同于现代工业的明显特点在于其技术和组织相对简单，生产规模也较小。不过，四川自贡的井盐遗产在传统手工业遗产中颇为特殊。在农业社会的特殊手工业中，盐业具有举足轻重的地位，在资本与技术上亦需较大投入。开发井盐不仅周期长、成本高，而且面临着很大的风险，盐业因此也成为规模巨大的手工业。在井盐资源丰富的自贡地区，盐场分工明确，有“掌柜”“外场”“经纪”“灶头”“山匠”“管事”……各司其职，呈现出企业化的特征。自贡留下了不少井盐遗产，其典型代表为燊海井。燊海井凿成于1835年，深1001.42米，采用中国传统的冲击式凿井法凿成。该井是一眼以天然气为主兼产黑卤的生产井，曾日产天然气8500立方米和黑卤14立方米，烧盐锅80余口。燊海井主要建筑有碓房、大车房和灶房，主要生产设备碓架、井架、大车等保存完好，1984年经过了一次大的修复，现占地面积4961平方米，保存着19世纪的布局和风貌。目前，燊海井作为工业旅游景点，一方面展示着中国传统井盐业的风貌，另一方面仍然在产盐并制成各种旅游纪念品出售，以产业的形式将传统与现代融为一体。

此外，杭州工艺美术博物馆（位于世界遗产中国大运河畔），也体现了传统手工业遗产与现代工业文化遗产的融合。杭州工艺美术博物馆位于大运河畔的拱宸桥西边，实际上是一个博物馆群落，由杭州工艺美术博物馆、中国刀剪剑博物馆、中国伞博物馆和中国扇博物馆4个专题馆加上一个特色分馆手工艺活态展示馆所组成。无论是工艺美术，还是刀、剪、剑、伞和扇，都属于中国传统手工业或传统手工艺。因此，该博物馆群落可以说是传统手工业遗产。不过，非常巧妙的是，尽管杭州工艺美术博物馆群落展示的内容及其文化内涵属于传统手工业遗产，但用来展示的空间和建筑却属于现代工业文化遗产。该博物馆群落的主体杭州工艺美术博物馆由杭州红雷丝织厂厂房改建而成。杭州红雷丝织厂建于1949年10月，原名杭州市公安局教育院染织厂，是一家劳改企业，于1966年10月才划归杭州市丝绸工业公司领导，更名为杭州红雷丝织厂。到1993年年底，该厂有职工1775人，工业总产值达1.4亿元，年产各类绸缎1247万米，但到20世纪90年代中期开始走下坡路，2002年破产。

毫无疑问，被用来展示传统手工业历史与技艺的杭州红雷丝织厂旧厂房属于现代工业的遗存。该博物馆群落其他各馆的建筑也一样，都利用了现代工厂的旧厂房，包括创建于1896年的杭州通益公纱厂旧址。杭州通益公纱厂旧址存有初建时期建筑4栋，包括3栋厂房和1栋办公用房，其厂房平面呈矩形，皆为单层等高多跨砖木结构建筑，采用单坡木屋架组成的锯齿形排架结构，各组屋架均为木制单坡三角形桁架式，以3根木制斜向拉腹杆支撑，立2根方形木柱，在厂内形成横、纵向柱列。该遗址属于杭州保存不多的清末工业建筑的实物。杭州工艺美术博物馆将传统手工业遗产与现代工业文化遗产融为一体，既具有现代工业易于辨识的工业景观，又拥有体现了中华传统文化的手工业文化内涵。值得一提的是，杭州拱墅区大运河畔保留了较多工业文化遗产，除杭州工艺美术博物馆外，还有杭州大河造船厂遗址等。杭州大河造船厂建于1958年，20世纪70年代进入全盛时期，能制造 200 吨级油轮及警卫艇、登陆艇等。2008 年，船厂因政府土地置换搬离后，地块由杭州运河集团接手整治，留下的老建筑有 9 栋，其中有 3 栋大小不一的大空间联体厂房、车间，宽约 20 米，长约 30—60 米，采用单层多跨排架结构，钢架或混凝土大型梁柱，“人”字形混凝土组合屋架，转轴形窗户。厂房东面有坡道供船舶下水。此类工业文化遗产，承载着从传统到现代的工业记忆，成为大运河畔独特的景观。

在农业社会，民生日用产品的制造常常呈现出本地生产供给本地消费的特征，故很多地方均有自己的纺织、酿酒、陶瓷等产业，其保存至今的那些就有可能成为工业文化遗产。总的来看，传统手工业遗产在中国分布较广，导致不少地方的传统手工业遗产具有同质化特点，这种同质化并非遗产保护利用过程中出现的问题，而是在历史上，不少地区的手工业行业本身就缺乏特色。

实际上，一些传统手工业遗产的历史文化价值有限，在手工业史上并不重要，只不过是因为年代悠久而显得物以稀为贵罢了。这一点在酒业遗产中尤为明显。那些真正具有独特个性的传统手工业遗产，要么如自贡井盐遗产，具有难以复制的资源上的地理优势；要么如景德镇陶瓷遗产，在历史上具有领先的技术，已经形成深入人心的品牌。从产业演化角度说，传统手工业未被现代大工业所取代的部分，一般均转变成独具特色的工艺美术产业，而工艺美术产业的技艺传承与非物质文化遗产是高度结合的。所以说，传统手工业遗产也常常具有活态化的特点。

二、晚清与民国时期的工业遗产

（一）洋务运动的影响

晚清时期的工业有了新的特点，遭受千年大变局。其中最具代表性的是江南造船厂与福建船政局。

日本的明治产业革命遗产群和富冈制丝厂遗址作为东亚两处入选了世界遗产的工业文化遗产，其重要价值就在于见证了日本工业化的启动。同样。中国的晚清洋务企业遗产与日本明治产业革命遗产群和富冈制丝厂遗址在性质上相近，亦处于同一形成时间，若比照日本，其也完全具有世界文化遗产的价值。目前，晚清洋务企业遗留下来的物质工业文化遗产包括上海江南制造局遗址、福建船政遗址、南京金陵制造局遗址、湖北与江西的汉冶萍公司遗址、旅顺大坞遗址、唐山开滦煤矿遗址等。

以上这些洋务企业的工业文化遗产见证了在中国所遭遇的千年未有之大变局

中，工业文化是如何诞生的。上海江南造船厂与福建船政遗产是其中较为典型的两处。上海江南造船厂的前身上海江南制造局被誉为“中国第一厂”，是洋务派创办的最具代表性的工业企业之一。

第二次鸦片战争后，中国的一批有识之士认识到西方工业文明的威力，开始探索发展中国自己的工业以求自强的道路。1865 年，曾国藩、李鸿章等洋务派大臣在上海创办了江南制造局，用来制造西方的坚船利炮。相关官员为江南制造局划定了产品方向，但也导致后来该局长期以枪炮制造为主，船坞逐渐荒废。1867 年，江南制造局从虹口迁至黄浦江西岸的上海城南高昌庙镇。

曾国藩将翻译西书视为“制造之根本”，所以江南制造局在翻译西方科学技术文献一事上不遗余力。1867 年，徐寿、华蘅芳等人在江南制造局内创办了翻译馆，次年正式聘任英国传教士傅兰雅（John Fryer）为主要翻译。在翻译过程中，徐寿等中国员工与傅兰雅等洋翻译进行了密切合作，而且他们还主动撰写了一些科普著作。1880 年，傅兰雅称，江南制造局自 1871 年以来共出版 98 种译作共计 235 卷，其中数学类 25 种，军事类 15 种，工艺与制造类 45 种。此外，还有 45 种著作共计 142 卷已经翻译完毕但还未出版，另有 13 种著作正在翻译中。进入 20 世纪后，江南制造局出现局、坞分离，其船坞独立出来，成为江南造船厂。江南造船厂本在黄浦江西岸，2002 年上海获得世博会主办权后，该厂厂区成为世博会用地范围，工厂遂进行了整体搬迁，于 2008 年全部迁至长江口的长兴岛。在浦西故址，江南造船厂遗留下了若干历史建筑，其中部分被用于世博会，2010 年世博会结束后，部分建筑继续保留，但原本被列为保留的一些建筑、构筑物如船台等被拆除，属于损毁较严重的工业文化遗产。

此外，不得不提到的还有福建船政局。该船政局因位于福州马尾，在历史上名称屡次变动。19 世纪中叶，清廷内忧外患层出不穷，具有“治国”政治抱负的洋务派大臣左宗棠，出于爱国的情怀，积极探寻抵抗外国侵略者的方略。左宗棠清醒地看到列强再次入侵的可能性，并积极主张海防，强调轮船的重要性。他在阐述创设船政局的动机时说：“臣愚以为欲防海之害而收其利，非整理水师不可；欲整理水师，非设局监造轮船不可。”

所谓“海之害”，包含军事和经济两个方面。从军事上说，西方列强携轮船之利，侵入中国沿海如入无人之境。而从经济上说，左宗棠看到了中国东南沿海商人的运输效率不及驾驶轮船的洋商的运输效率，在竞争中居于下风，纷纷歇业，有可能引发严重的政治后果：“恐海船搁朽，目前江浙海运即有无船之虞，而漕政益难措手。”漕政乃维系清廷的大政，故在左宗棠看来，轮船这一新技术由列强带入中国，实为动摇国本之举。而因应之道，则莫如认清形势，由中国自行掌握这一新技术，变被动为主动。左宗棠造船奏议得到清政府的批准后，便着手筹备。在当时，创办这种前所未有的近代造船工业，可以说十分艰巨，这些准备工作为日后中国航运事业的发展奠定了基础。1866 年 10 月 14 日，左宗棠接到了调任陕甘总督的谕旨，他在推迟离任的时间里，完成了筹备工作，而后将发展船政的使命交棒给他的继任者沈葆桢。

1839 年，20 岁的沈葆桢中了福建乡试举人，同年与林则徐的次女林普晴完婚。1847 年中进士，任翰林院编修等职。之后又相继补授江南道监察御史、江西九江府知府，署理广信知府，升江西广饶九南道等职。1861 年年底起授江西巡抚。1865 年，沈葆桢丁母忧开缺回籍守制。当清政府降旨命左宗棠西征时，沈葆桢正在福州老家，已是在籍缙绅。1867 年年初，沈葆桢得到清政府的命令，先行接办船政，等守丧期满之后再行具折奏事。沈葆桢接办船政以后，船政工程迭出波澜。一方面是闽浙总督吴棠对船厂计划的阻挠，他公开表示“船政未必成，虽成亦何益”，企图否定创办船政的计划。在他的影响下，船政饱受当地的谣言，更有参与人员就此退出，对新生的船政局造成了极大的破坏。另一方面，英、法两国抱有在中国扩张经济和政治势力的野心，想要扩大对中国造船工业的控制，竞相争夺对船政的控制权。在沈葆桢贯彻“权自我操”的原则之下，船政局引进了西方的人才与机器设备，迈出了中国工业化的最初步伐。

1866 年 12 月 23 日，福建船政局迅速破土动工，进展迅速。次年 7 月，沈葆桢正式上任时，基建工作大体完成。第一座船台于 1867 年 12 月 30 日建成，其余 3 座，也于 1868 年秋冬建成。到 1867 年 7 月间，不但厂房建成，机器也大体安装完毕。船政局就范围而言大约可分厂区、住宅区与学校等。所谓厂区，实即车间。到 1874 年，这所近代工厂的各个车间已大部分建成。造船厂设备齐全，规模宏大，堪称远东第一大船厂。船政局第一艘自造的近代蒸汽运输船开工于 1868 年 1 月 18 日，1869 年 6 月 10 日下水，历时近 17 个月，取名“万年清”。自那时起至 1875 年，福建船政局共生产 16 艘轮船，包括 10 艘运输舰、3 艘通信炮舰、2 艘炮舰和 1 艘巡洋舰。除此之外，随着近代造船工业的诞生，如何培养与之相适应的造船技术人员和海军人才，已成为十分迫切的任务。左宗棠早在创立船政之初就不仅认识到了创办近代工业必须培养科技人才的重要性，而且还具体主持了相关的章程。到了沈葆桢时期，他更是进一步指出“船政根本在于学堂”。船政局求是堂艺局分前后学堂。前学堂主要包括造船专业设计专业和学徒班（艺圃），后学堂旨在培养能够进行近海航行的驾驶人员，设有驾驶专业和轮机专业，因为采用的是原版教材，所以无论是前学堂还是后学堂的学生都要学习法语。船政学堂是洋务运动中成绩显著、影响深远的一所近代学校，不仅为我国军事航海制造领域培养了大批人才，还在民用企业方面也发挥了重要的作用。之后，1875 年 10 月 29 日，沈葆桢离任，他的接任者丁日昌于同年 11 月 5 日上任。丁日昌也对船政局的发展提了一些见解，如派员赴外国学习、开炼煤铁，这意味着洋务派在实践中认识到了掌握技术以及优先发展原材料和燃料的必要性，对洋务企业向民用工业转变有推动作用。

在这一时期，造船厂对设备进行了维修和添置，还增添了一些机床，在此基础上，兴建了铁胁船。1875 年，即出国人员回国后的第二年，船政局制造专业学生吴德章、罗臻禄、游学诗、汪乔年等“献所自绘五十匹马力船身机器船图，禀请试造”。这些船政学堂的学生包揽了设计、图纸绘制、建造、试航等造船的全流程，从 1875 年 6 月 4 日安上龙骨到 1876 年 3 月 28 日下水，前后不到 1 年时间。这艘承载着船政学子理想的轮船名叫“艺新号”，经试验证明“船身坚固，轮机灵捷”，标志着船政局进入自造时期。在这一时期内，船政局的造船技术也在不断提高。1875 年，船政局开始采用铁、木作为船体材料，采用康邦蒸汽机作为炮船主机，仿造西方建造铁、木合构船。19 世纪 80 年代初，船政船舶制造又进入了一个新的阶段，开始仿造巡海快船，即外国早期巡洋舰。中国第一艘巡洋舰“开济号”于 1883 年 1 月 11 日在船政局下水。1884 年 8 月中法马江战役爆发，清政府面对法国军舰的侵入挑衅，却采取了“避战求和”的策略，以致造成了被动挨打的局面。在这次反侵略战争中，船政学堂毕业的学生成了海军将领，面对强敌，毫无畏惧，做出了英勇的牺牲。

面对法国无情的炮击，船政局的工人表现出了高度的爱国主义精神，在战火中坚守岗位，保护船厂，也有不少伤亡。但不幸的是，由于清政府本就未做好应敌的准备，再加上敌我军事力量的悬殊，马江战役以失败告终。

尽管中法战争对船政局打击甚大，但船政局在战后还是继续发展，新船陆续下水。在发展的同时，官办企业的弊端也逐渐显露出来，固定的财政拨款不能满足近代工厂扩大生产的需求，制造数量日益减少，形成了人浮于事、开工不足的局面，船政局的发展进入了停滞时期。甲午战争后，洋务企业经营管理的弊病越来越多地暴露出来。

1890 年后，船政大臣大多是些老朽官僚或守旧大臣，对外国事务一无所知，甚至极力奏请清政府“停办”船政。旧有体制对新式工业的不利已成为船政局发展的最大的局限。尽管清政府也有重振船政的计划，想通过“招商承办”、铸造铜圆等方式解决造船的经费问题，但皆不理想。船政局最终在 1907 年停造轮船。民国时期，船政局依然有所发展，甚至还尝试制造了水上飞机，但总体来看，已经失去了晚清时期在中国工业体系中举足轻重的地位。福建船政局卷入的停造轮船风波在中国工业文化的发展史上具有重要意义，赋予福建船政局作为工业文化遗产的重大价值。

1872 年，作为"国企"，福建船政局制造轮船的花销全部由朝廷负担，而朝廷连年拨给该局的经费累计达四五百万银两，这被内阁学士宋晋认为"靡费太重"。于是，宋晋列举了中国人自造轮船的一系列不利条件，希望朝廷停止此项工业活动："此项轮船，将谓用以制夷，则早经议和，不必为此猜嫌之举，且用之外洋交锋，断不能如各国轮船之利便，名为远谋，实同虚耗；将谓用以巡捕洋盗，则外海本设有水师船只，如果制造坚实，驭以熟悉纱线之水师将弁，未尝不可制胜，何必于师船之外，更造轮船……"宋晋的奏折在朝野赢得了一批响应者，一时之间，初创未久的船政局似乎岌岌可危。面对宋晋的攻击，洋务派大臣们展开了反击，曾国藩、沈葆桢、李鸿章相继为工业化辩护，其中尤以李鸿章的辩护最为有力。李鸿章谓："臣窃维欧洲诸国，百十年来由印度而南洋，由南洋而东北，闯入中国边界腹地。凡前史之所未载，亘古之所未通，无不款关而求互市。我皇上如天之度，概与立约通商以牢笼之。合地球东西南朔九万里之遥，胥聚于中国，此三千余年一大变局也。"

遭逢三千余年之大变局，这就是中国必须工业化的原因。在这样一个新时代，之所以要办工厂、造轮船，是因为"西人专恃其枪炮轮船之精利，故能横行于中土，中国向用之弓矛小枪土炮，不敌彼后门进子来福枪炮；向用之帆篷舟楫艇船炮划，不敌彼轮机兵船，是以受制于西人"。技术上的巨大落差导致了中国在两次鸦片战争中的战败，因此，"自强之道，在乎师其所能，夺其所恃耳"。这些见解，已是洋务派的老生常谈，但李鸿章将笔锋直指宋晋等一班守旧儒生的根本症结："士大夫囿于章句之学，而昧于数千年来一大变局，狃于目前苟安，而遂忘前二三十年何以创巨而痛深，后千百年之何以安内而制外，此停止轮船之议所由起也。"可以说，李鸿章此论是从思想观念上对守旧儒生的根本清算，旗帜鲜明地为工业化进行了辩护。经历了这一场大辩论，中国的工业化得以继续推进，中国的工业文化没有被扼杀于新生状态中。因此，福建船政局见证了中国工业文化的诞生及其艰难突破旧体制与旧文化的历史，具有重大的文化传承价值。

在工厂层面，船政局保留下来的重要历史建筑包括轮机车间与绘事楼、法式钟楼和官厅池遗址等。其中，轮机车间是直接的工业生产场所遗址，该车间厂房屋面采用实木桁架支撑，以满足当时生产的大跨度要求；吊车梁采用铸铁制安装，每跨采用拱结构，解决铸铁受压好受拉能力差的问题。因此，该车间厂房结构合理，力的传递路线清晰，经过100多年岁月的洗礼，仍然状态良好，较之20世纪70年代建造的新厂房毫不逊色。中华人民共和国成立后，福建船政局的原址继续作为马尾造船厂的厂区，造船厂对部分历史工业建筑予以了保留，并开启了生产与参观相结合的工业旅游模式，系一种活态遗产。

如今，马尾造船厂完成了整体搬迁至福州连江县粗芦岛马尾船政园区的目标。今后，马尾区所遗留的历史建筑将不再构成活态遗产，福建船政物质工业文化遗产的性质与形态发生了新的变化。为了保护与利用福建船政遗产，福州市马尾区启动了“马尾·中国船政文化城”项目，由福建船政文化保护开发有限公司主导，旨在将遗产所在地区打造为集历史遗产保护、文化旅游、休闲度假、商业办公、生态居住等功能于一体的港口复合型活力中心。2019年12月15日，船政文化马尾造船厂片区保护建设工程正式启动，采用片区划分、分区活化利用的模式，将福建船政遗产划分为10个功能片区进行修缮改造。

旅顺大坞工业遗产属于晚清洋务企业遗产，且与福建船政工业遗产有关联。旅顺大坞今为中国人民解放军第四八一O工厂，以其船坞、木作坊、吊运库房、船坞局、电报局、泵房、坞闸1部、台钳3部等核心物项申报为工信部国家工业遗产。

洋务运动除了创办新式工业企业外，还包含创建新式海军，这两者密切关联。毕竟，近代中国所面临的数千年未有之大变局，是由西方列强的坚船利炮轰出来的，“师夷长技以自强”的洋务派，自然将目光投向了海军。随着北洋水师这支新式海军的创建与发展，修船成为必要的工业活动，这就有了相关船坞的建设。1881年，李鸿章在视察了旅顺口之后，认为该口适合建设军港与船坞，遂奏报朝廷:“该口……实居北洋险要，距登州各岛一百八十里，距烟台二百五十里，皆在对岸，洋面至此一束，为奉、直两省海防之关键。口内四山围拱，沙水横亘，东西两湾中浤水深二丈余，计可停泊大兵船三只，小兵船八只。内有浅滩，其口门亦有浅处，拟用机器船逐渐挖浚。目前之快船、炮船及他日购到之铁甲船，皆可驻泊，为北海第一重捍卫……其余局厂船坞各项当陆续筹款兴造。”当年11月，旅顺工程局成立，全面负责旅顺口的港、坞及炮台等工程建设。1882年，李鸿章委派袁保龄担任旅顺工程局总办。与沈葆桢对福州船政局的作用一样，袁保龄对于旅顺大坞的修建，也起到了关键性的作用。整个旅顺口港、坞兴建工程可以分为两个阶段，第一阶段为1880—1886年的自建时期，主要工程为建筑炮台、围堰建港、开挖东港、修筑码头、疏通航道、挖掘海口、兴工建坞；第二阶段为1887—1890年的法国商人承包时期，主要工程为修建船坞、厂房，购买和安装修船设备，修筑未完成之石码头以及整个工程的验收。1889年，袁保龄因积劳成疾，病逝于旅顺，时年48岁。作为中国工业化的先驱之一，他体现了晚清洋务企业遗产所承载的中华民族的自强精神。“旅顺大坞”是旅顺口人对旅顺船坞的简称，其第一个厂名为“旅顺船坞局”。旅顺船坞局成立后，北洋海军的20余艘舰船都在旅顺大坞进行过修理，有的还进行过多次修理。该坞修理的第一艘军舰是由福建船政局制造的第一艘国产铁壳军舰——平远舰。平远舰于1889年建成使用，在北航中发现尾轴漏水，在上海江南制造总局修理后，故障未能排除，李鸿章遂电令该舰赴旅顺修理，据说此举系为试验刚竣工的旅顺大坞坞基是否坚实。平远舰进坞后，工人拆除填料，找出尾轴漏水原因，仔细测量填料函，更换了填料。该舰出坞后，尾轴不再漏水。旅顺大坞工业遗产表明工业发展是一个系统性的工程，见证了中国工业起步阶段的探索。

“自强不息”出自《周易·乾》，晚清洋务派官员从传统文化中汲取了自强不息的思想资源，用于创办新式工业企业，以适应千年未有之大变局，这使得中国工业文化自诞生之初就成为中华传统优秀文化在工业时代的新生，也成为中外文化交流的见证，而晚清洋务企业遗产正是其物质载体。晚清洋务派创办的工业企业数量是有限的，具有开创意义的企业数量更少，使得相关的工业文化遗产具有极高的稀缺性，必须重点保护。可以说，晚清洋务企业遗产具有很多共性特征。首先，洋务运动是中国工业化的开端，因此，当前保存下来的晚清洋务企业遗产多为中国相关产业的开创者，具有极为重要的历史纪念意义。如果比照日本明治产业革命遗产群，中国的晚清洋务企业遗产作为一个整体，也完全具有成为世界遗产的资格。其次，晚清洋务企业遗产的核心价值在于其承载了中国工业文化自强不息的精神。

（二）近代民族资本企业的努力

到了民国时期，中国工业依然包含一大批国营或官办企业，民间资本投资的工业企业亦持续发展，两者共同构成了近代民族工业遗产。此处所谓“民族工业”是相对于外资而言，不涉及其所有制或阶级划分。应该认识到，虽然洋务运动是中国工业化的开端，但洋务企业囿于体制弊端，其发展普遍陷入困境，能够延续下来的企业都经历了各种各样的改革。近代中国的工业化，依靠的主要还是稍晚于洋务企业兴起的民族资本企业。

张謇是中国现代化的开拓者之一，也是近代中国著名的“状元实业家”。1853年，张謇出身于江苏海门常乐镇一个富农兼小商人家庭。从1876年至1884年，屡试不第的张謇一直在清军将领吴长庆处当幕僚，直到吴长庆去世。这段经历虽未能使张謇建功立业，却是他参与清朝政治的一个契机。此后，张謇受到帝师翁同龢的关注。为了增强自身派系的力量，以翁同龢为首的所谓帝党，对张謇有意扶持，这是张謇能在1894年高中状元的重要原因。这年张謇42岁，想到母亲和恩师都没能来得及看到这一天，又感慨于国事，他竟在夺魁后不自觉地大哭。当时，中日之间的战事一触即发，几个月后，清军就接连在海上和朝鲜半岛败于日军。第二年，清廷割地赔款，签订了屈辱的《马关条约》。张謇听闻议和条款后，在日记中悲愤地写道：“和约十款，几罄中国之膏血，国体之得失无论矣。”而此时，张謇与两江总督张之洞的关系急速升温。1895年夏天，张謇为张之洞起草了《条陈立国自强疏》。对于刚刚在战场上击败了中国的仇敌日本，张謇也没有忽视其努力学习西方工业这一优点，称日本尤其看重发展工业，“于各通商都会遍设劝工场，聚民间所出器造百货，第其最精者，亦仿西洋之例”，所以，日本的商品“制造日精，销流日广”。张謇认为，中国要自强，就要学习日本，在各省设立工政局，推动工业发展。进一步说，他认为工政局设立之后，要选派官员“率领工匠赴西洋各大厂学习”，学习内容包括“一切种植、制器、纺织、炼冶、造船、造炮、修路、开矿、化学等事”，学成归国后就担任办理工政之官。张謇发展工业的主张，已不局限于仿制列强的坚船利炮，而是要在民用工业品市场上和列强展开正面交锋。1896年，为了应对《马关条约》的外资内地设厂权，张之洞奏请张謇等江苏籍京官在家乡办工厂，张謇考虑到故乡通州“产棉最王而良”，就建议办纱厂。几十年后，张謇回忆当时的心情，称：“余自审寒士，初未敢应，既念书生为世轻久矣，病在空言，在负气，故世轻书生，书生亦轻世。今求国之强，当先教育，先养成能办适当教育之人才。而秉政者既暗蔽不足与谋，拥资者又乖隔不能与合，然固不能与政府隔，不能不与拥资者谋，纳约自牖，责在我辈，屈己下人之谓何？踟蹰累日，应焉。”

由此可见，张謇答应去开办工厂，是犹豫了很久的。根据张謇的说法，当时社会的风气比较瞧不起“清流”一类的书生，大概因为此类书生只会赌气说大道理，办不了实事，然而世俗的这种态度又更加使书生自视清高，不愿意务实做事。作为儒士书生的一员，张謇自己更看重教育对于国家自强的作用，而他认为掌权者与有钱人都意识不到这一点。但是，务实的张謇认为，就算掌权者与有钱人皆不足与谋，但又不得不和这两类握有社会资源的人打交道，否则办不了实事。这样反复考虑了很多天后，他才答应了张之洞。一句“屈己下人”，点明了儒士张謇离开读书人圈子去办实业前的心理障碍；一句“责在我辈”，则又最终促使他做出惊世骇俗的抉择。可以说，张謇从一个传统儒家士人到现代企业家的身份转变，对他个人来说，是从传统儒家文化跳跃到现代工业文化的过程，这一跳跃本身又体现了中国工业文化从传统文化母体中挣脱成长的历程。

张謇在家乡南通创办了大生纱厂，此后，又陆续创办了广生油厂、大兴面厂、资生铁厂等一系列企业，还在南通推行盐垦，创办学校与博物馆等。在张謇的努力下，南通成为近代中国拥抱现代文明的模范城市。因此，南通唐家闸等地留下的工业文化遗产，不仅蕴含着张謇的企业家精神，也是南通这座城市重要的地方记忆，滋养着南通城市文化的根脉。

2014 年，大生纱厂的数字化纺织车间破土动工，经过一年的施工建设、试车运行，顺利通过验收，该厂在工业文化的传承与创新上实现了张謇追求的“生生不息”的梦想。2018 年，大生纱厂以钟楼、公事厅、专家楼、清花间厂房、南通纺织专门学校旧址、实业小学教学楼等核心物项被评为工信部国家工业遗产。张謇的开拓精神，为南通留下了丰厚的遗产，是南通不可磨灭的地方记忆。

除了张謇之外，晚清还有一批实业家，作为中国工业文化的开拓者，在各地兴办新式工业企业，推动着中国的现代化，章维藩便是其中一员。章维藩原籍浙江吴兴县（今属于浙江省湖州市），出生于太原，成长于兰州，自幼不屑于科举入仕，酷好骑射，曾受知于洋务重臣左宗棠，参与西征之役。新疆收复后，章维藩随父亲章棣等人随同左宗棠返回江南，并前往荻港认祖归宗。后来，章维藩先后在安徽怀宁、宣城、无为等地出任知县、同知等职，因耿直敢言而被谪。甲午战争后，章维藩与张謇一样愤而从商，投身实业救国，1898 年，在芜湖金马门外青弋江边兴办益新机器米面公司，亲自采购英国机器设备，是为安徽现代工业之起源。史料记载，益新机器米面公司创办后发展成绩尚佳，“将届一年”便“获利万金”。正当章维藩准备大展拳脚，添置机器扩大生产时，英国领事勾结地方官对其横加阻挠，以该公司“攘夺本地碧坊工人生计”即冲击了传统手工业营生为由，限令该公司每天只准碾米 500 担，磨面 60 担，不准超过限额，不准再行扩充。但章维藩还是比较有活动能力的，1901 年限额被放宽，每天可生产面粉 100 担。1906 年又添置新机器，扩建厂房。1908 年公司改名为益新面粉公司，面粉生产能力提高到一日夜生产 1000 包，由机器磨坊转变为真正的大机器工厂。据统计，1913 年全中国共有 57 家民族资本机器面粉厂，日生产能力为 75815 包，资本额共 884.74 万银圆，其中安徽仅益新面粉公司一家，资本额就达 10 万银圆。

可以说，章维藩创办益新面粉公司，与张謇创办大生纱厂一样，在中国工业文化的历史上起到了开风气之先的作用，章维藩也是探索中国现代化的先驱之一。益新面粉公司后来的发展几经曲折，曾不慎失火，又迭遭兵乱，损失甚巨，在民国时期一度“以运本缺乏，代人磨麦，收取工资，暂支危局”。中国工业化的艰辛与不易，由此可窥一斑。目前，益新面粉公司的办公楼得到完整的保留，在芜湖以“大碧坊”之名，成为芜湖重要的城市地标之一，并以其历史融入了芜湖的城市记忆之中。在实业上，章维藩除了创办益新面粉公司，还创办宝兴铁矿公司，以新式机器开采凹山露天铁矿，该矿为马鞍山南山铁矿之一部分。根据章维藩的构想，该矿本应作为在秦皇岛建设的钢铁厂的原料来源，可惜在整个近代，秦皇岛钢铁厂始终未建成，凹山矿砂徒然被日本八幡制铁所利用，令章维藩终生遗憾。如今的马鞍山南山铁矿也经历了从“工业锈带”到“生活秀带”的转变，进行了环境修复，不久即可将矿坑打造为旅游休养基地。

这些实业家的功业，都落实于具体的地方，并与中国传统的乡土观念相结合，形成独特的地方性的工业文化。作为与张謇同代的实业家，章维藩与张謇一样，是从旧文化中产生新思想进而采取新行为的人物，推动着中国的工业乃至整个现代化向前迈进。因此，无论是南通的大生纱厂，还是芜湖的大砻坊，张謇与章维藩留下的工业文化遗产，都成了各自城市的地标性历史建筑以及地方记忆的重要组成部分。虽然工业文化遗产与国家历史的宏大叙事密不可分，但不能因此而忽视它的地方性。

有研究者认为，工业文化呈现典型的地域特征，因为任何工业文化首先都是由某一具体的地域创造的。实际上，虽然人们经常从整体上对“工业化”或“工业发展”之类的话语进行论说，但从经济角度看，工业经济的发展也只是一个地区性现象。工业经济发展的地区性决定了工业文化在实践层面只能是地域性的。进一步说，由具体的工业企业留下来的历史建筑等不可移动的物质工业文化遗产的主体，只能固着于某地，也是地方性的存在。与物质遗产相比，非物质工业文化遗产不受具体空间的束缚，能够具备全国性乃至世界性的价值与影响，但这也不表示它与地方毫无关系。实际上，某地的工业企业很可能受到当地文化传统的影响。反过来说，工业文化的传承，如果想要依托物质遗产，在大部分情况下，受物质遗产在空间上的限制，主要也是地方性的活动。近代中国工业规模小，工业企业数量有限，故近代民族工业遗产的地方性极为明显。其中，张謇与章维藩是两个典型案例。近代民族工业遗产往往与具有突出贡献的实业家有密切关系，并嵌入至地方记忆中，使工业文化成为地方文化的一部分。

三、抗日战争时期的工业遗产

全面抗战爆发前，中国的工业集中于以上海为中心的东部沿海地区，是市场经济自然演化的结果。日本挑起全面侵华战争后，当时的中央政权南京国民政府组织了工业内迁，将东部地区的工业企业尽可能迁往西部内陆，以免资敌。这场工业内迁运动后来被教育家晏阳初称为“中国实业上的敦刻尔克”。在近代民族工业遗产中，抗日战争工业遗产作为特殊的一类，因其所张扬的民族精神而具有独特的工业文化内涵，是爱国主义与工业文化的高度结合。

不管是政府还是民间资本，都在西部后方新建了一批工业企业。这些内迁至抗战后方或新建于抗战后方的工业企业留下的工业文化遗产，便是抗日战争工业遗产。很显然，抗日战争工业遗产在时间、空间与文化内涵上具有鲜明的特色。

从时间上说，抗日战争工业遗产的形成时间集中于全面抗战时期，即1937—1945年。从空间上说，抗日战争工业遗产主要集中于西南、西北的抗战后方，尤其以重庆、云南、四川、贵州、陕西等省市居多。从文化内涵上看，抗日战争工业遗产区别于一般近代民族工业遗产的特点在于，全面抗战时期内迁和新建的工业企业都服务于经济抗战，为中华民族的抗日战争提供着物质支持，在工业文化中注入了独立不屈和奋勇抗争强敌的民族精神。因此，抗日战争工业遗产是重要的爱国主义教育课程资源。兵工厂遗产是抗日战争工业遗产的主体，主要分布于西南的重庆、云南、贵州等地。为了避免日军的侵犯和躲避日军空袭，全面抗战时期大后方的兵工厂和其他工业企业一般选址于交通不便的偏僻之处，生产车间也常设置于天然或人工洞穴之中，这使得不少企业的遗址未因城市建设等而遭到人为破坏。中国兵器工业集团的北方夜视科技集团有限公司的二九八厂遗址就是一处典型的抗日战争兵工厂遗产。

二九八厂的前身为南京国民政府为对日备战筹建的军用光学器材工厂，1936年创立于南京，全面抗战爆发后内迁至重庆，但因为重庆交通不便，加上气候潮湿，不利于光学零件的生产，又迁至昆明柳坝，刚落脚即遭日军轰炸，最终于1941年迁至昆明海口中滩。该厂当时名为第二十二兵工厂，从德国进口了一批机床，从事军用光学器材制造。该厂厂长周自新在德国柏林工业大学获得特许工程师职称，并在世界光学工业名企蔡司公司实习，后回国筹建中国自己的光学工业；该厂光学所主任龚祖同因国内战事吃紧，毅然放弃在国外的博士答辩，回国投身光学制镜；该厂负责金工的金广路，自1937年起便辗转苏联、波兰、德国，寻求材料，学习技艺。在这些工程技术人才的努力下，1939年4月22日，第二十二兵工厂用自己制造的零件，装出了中国第一架 6×30 双眼三棱军用望远镜，经检验性能完全达到要求，5 月投入小批量生产，7 月投入大批量生产，不久被命名为“中正”式望远镜。1939—1941 年，中正式望远镜共生产并解交了 1866 具。

第二十二兵工厂的历史颇具代表性，它不仅代表了当时中国工业内迁的一般历程，还表明中国的一些工业门类是因反侵略战争而诞生的，这一点不仅是抗日战争工业遗产的特色，也是整个中国工业文化遗产所见证的中国工业发展道路的特殊性。类似的抗日战争工业遗产还有位于贵州大方县的大定航空发动机厂遗址，该遗址位于一处隐蔽的山洞内，见证了中国航空发动机制造业在艰难条件下的诞生。

值得一提的是，第二十二兵工厂在中华人民共和国成立后成为人民兵工系统的二九八厂，该厂在“一五”计划期间，积极与苏联专家合作，学习相关技术，并不断发展自己的技术力量。1955 年，二九八厂建成了第一条光学玻璃熔炼车间，为中国开发多系列光学产品创造了有利条件。1959 年，该厂制造出中国第一支红外变像管，填补了中国夜视技术的空白。1966 年，该厂制成了第一台大倍率望远镜，标志着中国军工光学自主研发制造时代的开端。从抗日战争时期的生产抗战，到社会主义建设时代的自力更生，二九八厂不断追求产品与技术的创新，其历史体现了中国工业精神的延续，极佳地诠释了中国工业文化遗产的核心价值。

除兵工厂遗产外，在抗日战争工业遗产中，民用工业遗产也有不少。其中，位于陕西宝鸡的申新四厂宝鸡分厂遗产颇具特色。申新四厂原为近代中国“实业大王”荣氏家族设于武汉的棉纺织企业。全面抗战爆发后，申新四厂一部分职工、机器于 1938 年内迁至宝鸡斗鸡台，因该地位于陇海铁路线上，设有斗鸡台车站，物资运输方便，且距离县城仅 10 里，门市销售无须远运，又背靠黄土高原，可以凿山为洞以防空袭。这就是宝鸡申新纺织厂。宝鸡申新纺织厂遗留下来的工业文化遗产，最具特色之处为其窑洞工场。1939 年，申新四厂的实际负责人、荣德生女婿李国伟计划建设窑洞工场以防空袭。1940 年 1 月，荣德生在给李国伟的信中同意他的计划，但称：“宝鸡厂建筑窑洞办法，目下为急进计只能如此；为经济计，殊不划算。日后仍须改建合适平屋，该洞只能作堆花之用。”

事实上，在整个中国工业史上，出于战争与备战的需要，不少企业的工厂选址与厂房建筑往往不从经济角度出发考虑，导致遗留下来的物质工业文化遗产不能体现工业经济发展的一般原则，这固然是一种历史的无奈，并包含了某些教训，但从历史主义的角度看，也蕴藏着中华民族为求民族生存而发展工业的精神意志。这种类型的工业文化遗产，会真正加深人们对中国工业史乃至整个中国近代史的理解。1941 年 2 月 28 日，宝鸡申新纺织厂的窑洞工场全部竣工，共有窑洞 24 个，宝鸡申新纺织厂设备的 70% 皆安装于洞内。目前，包括窑洞工场在内的宝鸡申新纺织厂遗址，已被列入工信部国家工业遗产，窑洞工场被改造为工业遗产博物馆，展示着中国工业不屈抗战的民族精神。宝鸡申新纺织厂工业遗产已被运营方命名为长乐塬工业遗址，其列入工信部国家工业遗产的核心物项包括窑洞车间、薄壳工厂、申福新办公室、乐农别墅、1921 年织布机、20 世纪 40 年代电影放映机等。值得一提的是，建筑风格上中西合璧的乐农别墅系李国伟为其岳父荣德生所修建，供荣德生来宝鸡时居住，但在宝鸡当地，一直流传着该别墅系荣家嫁女儿的嫁妆这一荒诞传言。这一坊间传言折射了当下的某种社会心态，既反映了公众对本地工业历史并不知晓的现状，又矮化了宝鸡申新纺织厂遗产所包含的工业文化与民族精神，同时意味着该处工业文化遗产此前未能发挥其教育与传承的功能。

围绕乐农别墅产生的流言表明，历史建筑本身并不能充分体现工业文化遗产的文化内涵，建筑与建筑背后的历史文化是具有分离性的。工业文化遗产对于文化与精神的传承，只能通过在保护中构建历史叙事来完成。

实际上，近代中国的工业规模小，企业数量有限，不少历史工业建筑或工业企业附属建筑坐落于上海、青岛、武汉等城市的市区内，要么已经被夷平，要么早已成为受到保护的历史优秀建筑。从历史学界目前的研究取向看，对 1949 年前的近代中国工业的研究，仍占主流。相对来说，抗日战争工业遗产在近代民族工业遗产中，由于地理位置偏僻，能够保存下来的保存得整体相对更完好，工业景观也更为明显。与东部地区尤其是大城市的近代民族工业遗产相比，抗日战争工业遗产的文化内涵及价值主要体现于工业文化与爱国主义精神的高度结合，在教育功能上更适合培养学生家国情怀的核心素养。

此外，由于工业史的积累性与演化性，不少抗日战争工业遗产实际上与中华人民共和国的三线建设工业遗产是重合的，这些企业因抗战而建，又在三线建设中被重新利用，这使同一个工业文化遗产兼具两种类型。不过，也正是由于地理位置偏僻，交通不便，所以抗日战争工业遗产以及部分三线建设工业遗产的保护与利用在经济上成本较高，存在较大的困难。

四、中华人民共和国成立后至改革开放前的工业遗产

可以说，目前中国所存大部分工业文化遗产，其形成时间或最具工业文化价值的阶段，都是 1949—1990 年。在这些工业文化遗产中，具有重大历史价值和

特殊文化意义的，主要是“156 项工程”工业遗产和三线建设工业遗产。中国的工业化起步于晚清洋务运动，在民国时期有所发展，但真正的大规模展开要等到中华人民共和国成立。中华人民共和国的国家工业化发端于第一个五年计划，即“一五”计划。

在“一五”计划中，工业部门获得的投资高达 313.2 亿元，占比 40.9%，体现出了工业建设在计划中的中心地位。而该计划明确规定：“在工业基本建设投资中，制造生产资料工业的投资占 88.8%；制造消费资料工业的投资占 11.2%。投资的比例关系必须根据生产资料优先增长的原理来决定，而在每个发展时期中，这种比例关系的具体规定，又应该照顾到当时的具体条件。”所谓“生产资料优先增长”，也就是重工业优先。至于计划中提到的“156 个建设单位”，则涉及中华人民共和国成立初期苏联的大规模对华技术转移，被视为“工业建设计划的中心”。

对成立初期的中华人民共和国来说，接受苏联援建项目，是在被西方国家封锁状态下开展工业化的现实可行路径。156 个建设单位又被称为“156 项工程”。到 1955 年，项目增加到 174 项。后经过反复核查与调整，最终确定了 154 项。但由于第一个五年计划已先期公布 156 个建设单位，令人印象深刻，故仍将这项建设项目统称为“156 项工程”。

但需要认识到的是，一些资本主义国家千方百计阻挠中国工业化的进程。1950 年 1 月，“对共产党国家出口管制统筹委员会”正式成立，总部设在巴黎的美国驻法大使馆内，故又称“巴黎统筹委员会”或简称为“巴统”。巴统创始国为美国、英国、法国、意大利、比利时与荷兰，后来，卢森堡、挪威、丹麦、加拿大、联邦德国、葡萄牙、日本、希腊、土耳其、西班牙、澳大利亚等国亦陆续加入，正式成员国共有 17 个国家。巴统从形成那一天开始，就是一个秘密组织，其成员国曾约定，如有必要，成员国可以公开否认参加该组织。但该组织确实成了资本主义阵营对社会主义阵营实施贸易管制的工具。美国政府 1954 年的一份文件阐明了贸易管制的动机：“对共产党中国的贸易管制，不仅要阻碍其战争潜力本身的增长，而且要阻碍其工业化；对欧洲苏联集团的贸易管制，则只是要阻碍其在欧洲战争潜力的增长。”

在这种被封锁的状态下，世界市场上的资金、技术等生产要素流向中国的渠道受阻，“156 项工程”对于中国启动大规模国家工业化便具有非同小可的意义了。同时，“156 项工程”在“一五”期间实际开工的项目中，仅 1 个轻工业项目和 2 个医药工业项目，其余 144 个项目分布在煤炭、石油、电力、钢铁、有色金属、化工、机械和军工等重工业部门，真正贯彻了重工业优先战略。在这些项目中，有不少填补了中国工业的空白，如长春第一汽车厂、武汉重型机床厂、洛阳拖拉机厂、富拉尔基重机厂等，其产品均为近代中国所不能制造或无法批量生产的。由此可见，“156 项工程”为中国的工业化奠定了一个全新的物质基础。

“156 项工程”实现了苏联工业技术的大规模对华转移，作为苏联援建项目，项目里的不少企业基本上等于将苏联的企业复制到了中国。例如，在长春第一汽车厂（简称“一汽”）建设之初，苏方即表示“将比照斯大林汽车厂的规模援建中国汽车厂——斯大林汽车厂有什么设备，援助中国汽车厂就有什么设备；斯大林汽车厂有什么样的水平，援助中国汽车厂就有什么样的水平”。事实上，苏联也兑现了其承诺。长春第一汽车厂的设备 80% 由苏联提供，一些高精尖的关键设备，由苏联相关机床厂首次承担设计与试制。为此，斯大林汽车厂不仅成立了专门的设计班子，还建了一个 36 米跨度的制造车间，组建了机床试验工段，对所有设计制造的工艺装备进行了最后调试，验证合格后方允许发往中国。从长春第一汽车厂建厂到投产期间，有近 200 名苏联专家先后来华工作。

此外，从 1953 年 2 月到 1956 年，长春第一汽车厂还派了 539 名实习生到斯大林汽车厂实习。陈祖涛作为这些实习生中的一员，回忆道：“我在斯大林汽车厂担任总工艺师兼工艺处处长赤维特可夫的助理，他对工作认真负责，教我也是不厌其烦，使我逐步深入了解了汽车生产和施工图设计的全过程。”陈祖涛的经历颇为典型。这些实习生回国后，都成了长春第一汽车厂的骨干力量。长春第一汽车厂的例子，真切地反映了中华人民共和国成立初期大规模工业化的主要技术来源。如今，开发了工业旅游项目的一汽工业遗产见证了那段历史。此外，出于国防和改善工业布局的考虑，“156 项工程”基本避开了以上海为中心的近代中国工业核心区，将大型工业企业新建于东北和内地。随着“156 项工程”的开工建设，在东北和内地一些从前荒僻的地方，兴起了全新的工业城。

长春第一汽车厂奠基典礼大会于 1953 年 7 月 15 日开办。出席的有第一机械工业部部长黄敬。实际上，当时确实有一大批华东等地的干部被抽调到长春，支援第一汽车厂的建设。此外，铁道部、邮电部、外交部、吉林省、长春市和解放军等各个方面，都对长春第一汽车厂这一重点项目给予了大量的支持，使该厂依托一种能够调集各种资源的举国体制迅速建立起来。计划经济体制的高度动员能力在此得到了有力的体现。而那些被抽调到长春的外地建设人员，恰如黄敬所要求的那样，普遍具有一种优先考虑国家与人民利益的奉献精神。这种奉献精神，是一种继承了中国共产党革命传统的新的工业文化。不仅如此，这种奉献精神也是“156 项工程”工业遗产的核心价值之一。然而，随着国际政治的风云变幻，中苏关系破裂，中国面临着相当险恶的地缘政治环境。

一方面，北面有一个超级大国陈兵百万，虎视眈眈；另一方面，南面的越南已经燃起战火，并有另一个敌对的超级大国直接介入。在这种被包围的态势下，中国的经济建设不得不考虑被战争打断的风险，也不得不考虑备战。

当时，毛泽东在审阅《关于工业发展问题（初稿）》时加了一段话：“我国从十九世纪四十年代起，到二十世纪四十年代中期，共计一百零五年时间，全世界几乎一切大中小帝国主义国家都侵略过我国，都打过我们，除了最后一次，即抗日战争，由于国内外各种原因以日本帝国主义投降告终以外，没有一次战争不是以我国失败、签订丧权辱国条约而告终。其原因：一是社会制度腐败，二是经济技术落后。”在毛泽东看来，第一个原因“基本解决了”，但第二个原因“要彻底改变，至少还需要几十年时间”，故“如果不在今后几十年内，争取彻底改变我国经济和技术远远落后于帝国主义国家的状态，挨打是不可避免的”。结论则是：“我们应当以有可能挨打为出发点来部署我们的工作，力求在一个不太长久的时间内改变我国社会经济、技术方面的落后状态，否则我们就要犯错误。”可以说，此时毛泽东已经有从战备角度来建设工业的考虑了，这就逐渐开始了三线建设。所谓“三线”是一个国防经济地理的概念。

1964 年 5 月 27 日，毛泽东在中南海主持召开中共中央政治局常委会议时说：“第一线是沿海，包钢到兰州这一条线是第二线，西南是第三线。攀枝花铁矿下决心要搞，把我们的薪水都拿去搞。在原子弹时期，没有后方不行的。要准备上山，上山总还要有个地方。”具体而言，三线建设是指从 1964 年到 1980 年中国在内地的十几个省、自治区开展的一场以战备为中心、以工业交通和国防科技工业为基础的大规模基本建设。严格意义上的“三线”是由沿海、边疆地区向内地划分为三条线，一线指沿海和边疆地区，三线指四川、贵州、陕西、甘肃、湖南、湖北等内陆地区，其中西南、西北地区（川、贵、陕、甘）俗称“大三线”，中部及沿海地区的腹地俗称“小三线”，二线则指介于一、三线之间的中部地区。三线建设主要是指三线和二线地区的建设，也包括一线的迁移。整个三线建设共历经 3 个五年计划，投入 2050 余亿元资金和几百万人力，安排了几千个建设项目。1965 年 3 月 29 日，中央成立西南三线建设总指挥部，不久，又成立西北三线总指挥部。4 月，中央再次成立国家建设委员会，由谷牧任主任，其主要任务之一就是抓好西南、西北的三线建设和一、二线的重点项目。三线建设的主要项目包括：攀枝花钢铁工业基地、六盘水煤炭基地、成昆铁路、重庆常规兵器工业基地、陕西航空工业基地、酒泉钢铁厂、十堰第二汽车制造厂、德阳装备制造业基地等。其中，攀枝花钢铁工业基地颇为典型。四川攀枝花地区富含钒钛磁铁矿，并有 4000 万千瓦的水能资源蕴藏量。1964 年，中央将攀枝花钢铁公司、攀枝花冶金矿山公司列为三线建设的重点项目，国务院组织冶金、地质、煤炭、电力、铁道、交通、机械、化工等十几个部的 5 万多名职工参加建设。经过 5 年的艰苦奋战，在地形极其复杂的山坡上，开挖了 4200 万立方米的土石方，推成 3 个大台阶、23 个小台阶，盖起了 165 万平方米的工业建筑，安装了 14 万吨的冶金设备。1970 年，攀枝花钢铁公司的第一座高炉建成出铁，1971 年出钢，1972 年轧出钢坯，1974 年轧出钢材，完成了第一期工程。为了与攀枝花钢铁基地建设相配套，1964 年，中央还决定以贵州六盘水矿区为重点建设三线煤炭基地。1965 年，相继成立了六枝、水城、盘县等 3 个矿区建设指挥部，从全国抽调了近 10 万人的队伍，展开了建设。至 1976 年年底，建设矿井 23 处、洗煤厂 4 座，并相应建设了六盘水煤矿机械厂、贵阳矿灯厂、盘江化工厂等一批矿区配套工程。而无论是攀枝花钢铁工业基地还是六盘水煤炭基地，都带动了当地的城市化进程。值得一提的是，在东部沿海省份的山区，也存在着三线建设企业，如福建省长汀县的福建红旗机器厂。如今，坐落于峡谷中的福建红旗机器厂遗址，已被评为工信部国家工业遗产。在三线建设中，中国最尖端的核工业成为建设重点之一。

1963 年 12 月，第二机械工业部（简称“二机部”）提出在三线地区进行核工业建设的报告，1964 年 3 月，工厂选址工作开始进行，到 1965 年 5 月，确定了核工业三线各单位的布局。为了独立自主地建设核工业，1965 年 2 月，中央专委对核工业三线建设所需的各种重要设备和仪器仪表的研制做了全面安排。在生产安排上，采取了在三线新建设备、仪表制造厂与巩固、充实老厂相结合的办法，对一些重点设备、材料，确定了负责研制的部门，同时要求国产设备仪器的质量不能低于国际标准。在研制过程中，各单位都把制造核工业三线建设所需的设备、仪器仪表，视为国家重点项目，优先解决，保证设备与仪器仪表的质量、性能与供应进度。到 20 世纪 70 年代初，核工业三线建设工程陆续建成投产。三线建设留下了一批核工业遗产。出于备战考虑，三线建设的工业企业一般选址偏僻，遵循“靠山、分散、隐蔽”的方针。

以第二汽车制造厂为例，其《第二汽车制造厂建设方针十四条》明确提出：“在产品上要执行‘军民结合，先军后民，以军带民’的方针。在建厂过程中，通过新老基地结合，首先组织军用车的生产，满足备战的需要。”该方针特别强调，第二汽车制造厂要“先集中力量建厂房”，以便“在新基地尚未建成，而战争已经强加于我们的情况下，即可使沿海附近的汽车厂及配件厂迁入生产，使新基地成为战时打不垮、炸不烂的可靠汽车工业生产大后方”。

根据这种备战方针，第二汽车制造厂的厂址选在了湖北西部山区十堰市。改革开放后，第二汽车制造厂改名为“东风汽车公司”，并将总部迁往武汉，十堰市的某些厂区逐渐废弃，便成了工业文化遗产。为了在发展工业的条件极为欠缺的三线地区建设现代企业，三线职工以坚韧不拔的意志做出了巨大努力。因此，三线建设工业遗产在物质遗存上与抗日战争工业遗产有相似之处，都反映了从军事角度出发进行工业建设的时代特殊性，并非工业经济发展的一般形态，其文化价值也更多地体现于爱国主义和自力更生的精神，而非科学管理和理性规划的工业精神。此外，三线建设工业遗产与“156 项工程”工业遗产相同的是，两者都体现了中国共产党领导下中国工人阶级无私奉献的精神，是融合了工业文化与红色文化的红色工业遗产。

“156 项工程”工业遗产和三线建设工业遗产作为计划经济体制下的工业投资项目，较容易进行摸底排查。从理论上说，所有的“156 项工程”项目和重大的三线建设项目留下的遗址，都属于具有重要历史文化价值的工业文化遗产。不过，由于这两类工业企业数量巨大，配套企业众多，且三线建设选点过于分散，一些遗址是否真的具有重要价值，必须审慎考察。陈东林指出，三线建设工业遗产分布于西部山野，与青山绿水相伴，有自然与人文结合的复合景观优点，但西部地区本就交通不便，三线建设工业遗产又多位于交通线的偏僻终端，增加了保护与利用的难度，而目前的三线建设工业遗产利用缺乏科学指导，同质性建设较多，各地都在兴建三线建设博物馆、陈列馆，展陈内容重复，没有很好地挖掘遗产自身的历史文化价值。总的来说，“156 项工程”工业遗产与三线建设工业遗产是应该分级分类加以保护利用的，因为它们是中华人民共和国工业文化遗产中最具价值与特色的两大类型。

五、改革开放以来的工业遗产

1978 年 12 月，邓小平在中央工作会议闭幕式上做了《解放思想，实事求是，团结一致向前看》的讲话。在讲话中，邓小平指出：“现在我国的经济管理体制权力过于集中，应该有计划地大胆下放，否则不利于充分发挥国家、地方、企业和劳动者个人四个方面的积极性，也不利于实行现代化的经济管理和提高劳动生产率。应该让地方和企业、生产队有更多的经营管理的自主权。”他还强调，“不讲多劳多得，不重视物质利益，对少数先进分子可以，对广大群众不行，一段时间可以，长期不行。”

计划经济体制的集中性包含着固有的弊端，邓小平的讲话已经指明要对这一体制进行改革，以增强中国经济的活力。同时，他还说：“我们要学会用经济方法管理经济。自己不懂就要向懂行的人学习，向外国的先进管理方法学习。”这就是一种开放性的思维。

邓小平的一些讲话，实际上阐明了中国经济改革开放的若干基本原则。依据上述原则，中国的工业经济开始掀起一场持续至今的新革命。中国在成长为新的“世界工厂”的同时，也产生了一批在改革开放过程中形成的工业文化遗产。目前，人们对工业文化遗产的时间下限并无统一的认识。从理论上说，只要某种工业遗存符合相关价值，就能够被视为工业文化遗产。不过，任何一种遗产，都需要时间的沉淀，且工业文化遗产价值体系中的历史与文化价值本身就包含时间维度，故从原则上来说，工业文化遗产必须距今有一定的时间距离，以便去充分沉淀各种文化要素，凝结集体记忆，形成相对稳定的价值内核。在实践中，基于对工业遗产的通常印象以及资源的稀缺性原则，人们通常也确实把形成年代作为认定工业文化遗产的重要指标。就此而论，距当下时间越近的工业遗存，越难以被视为工业文化遗产。导致社会普遍忽视改革开放工业遗产这一中国工业文化遗产中非常重要的类型。从 1978 年至今，中国的改革开放已经持续 40 余年，时间长度早已超过此前中国工业史上的若干阶段，而在改革开放初期形成的工业遗存，距今时间亦足够长久。

单从时间或年代指标上说，改革开放工业遗产这一概念是可以成立的。实际上，相比于工业文化遗产领域，其他领域对改革开放文化遗迹的认定更为主动与积极。例如，改革开放的前沿阵地深圳，2017 年发布了第一批深圳市历史建筑名录，其中年代最晚的建筑中英街历史博物馆，建于 1999 年，但已经被视为历史建筑。此后，深圳市又于 2020 年公布了第二批历史建筑名录。在这些历史建筑中，有典型的工业历史建筑，可以视为工业文化遗产。例如，名录中的深圳蛇口大成面粉厂是一处工业遗址。该面粉厂前身为创立于 1980 年的远东（中国）面粉厂，1990 年被中国台湾大成食品集团接收，2010 年结束运营。深圳蛇口大成面粉厂的遗址包含贮仓、磨机楼、仓库及写字楼等，其中，连体筒仓群是非常典型的工业景观。再如，名录中的深圳广东浮法玻璃厂亦位于蛇口，该项目于 1985 年开工，1986 年年底厂房主体结构完工，建成时间晚于目前工信部国家工业遗产评定的时间下限要求。该玻璃厂的建筑工程曾于 1988 年荣获国家建筑工程鲁班奖，具有较高的建筑价值。因此，深圳市历史建筑名录中已经包含了改革开放工业遗产，而这种对于晚近工业文化遗产的价值认定，在全国其他地区乃至国家层面尚不多见，倒颇符合深圳作为改革开放先锋的城市气质。实际上，改革开放工业遗产的价值并不完全由时间或年代决定，核心在于对改革开放精神的承载，这是其最为重要的文化内涵。

以前述深圳的两处改革开放工业遗产来说，地址都位于蛇口，就很能说明问题。深圳的前身是广东省宝安县，在建市之前的1978年年末，仅有工厂174家，其中国营和集体企业28家，分别隶属县工业局、二轻局和农机局管理，此外还有13家镇属企业、133家社队企业，当年全县工业总产值6135.5万元。深圳特区的发展与招商局有着密切的关系。创办于晚清的招商局在1949年后成为重要的国企，且具有交通部驻香港机构的色彩。1978年，交通部确定了招商局经营发展的战略，即以航运为中心进行多种经营，给予5年利润不上缴和500万美元贷款自主权的优惠政策，让招商局自我经营发展。不久，香港招商局常务副董事长袁庚提出利用香港的资金、技术和国内廉价的土地、劳动力的有利条件，创办工业区的设想。招商局的设想得到了中央的批准，设在深圳的蛇口工业区于1979年7月开始破土动工。蛇口工业区开发伊始，招商局就提出了“以发展工业为主”的方针。此后，又更完整地提出“三个为主”的方针:“产业结构以工业为主、资金来源以外资为主、产品市场以外销为主。”

因此，蛇口工业区成了一块发展外向型经济的试验田。大成面粉厂等早期引进企业所留下的工业文化遗产，即是蛇口工业区改革开放历史的见证。在蛇口工业区突破旧体制的发展过程中，形成了“时间就是金钱，效率就是生命”这一新的工业精神，也是该地区工业文化遗产所包含的核心价值。

1978年后异军突起的乡镇企业，是中国改革开放中的一道亮丽风景线，也构成了改革开放工业遗产的重要主体来源。乡镇企业能够取得成功，离不开此前计划经济体制下国家工业化所进行的技术与人才等要素积累，但也依赖一大批农民企业家发挥勇于创新和吃苦耐劳的企业家精神，将各种要素组合起来，高效参与市场竞争。因此，以乡镇企业为主体来源的改革开放工业遗产，其核心价值就是中国农民的企业家精神。无锡的中国乡镇企业博物馆是目前较为典型的反映乡镇企业历史与文化的改革开放工业遗产。

中国乡镇企业博物馆筹建于2006年，2008年正式奠基，2010年对外开馆。该馆利用了无锡市锡山区东亭春雷造船厂旧址，春雷造船厂是一家具有代表性的乡镇企业，故该馆可以被看作一家工业遗产博物馆。中国乡镇企业博物馆由室内展示场馆、春雷造船厂旧址两部分组成。展馆内分为序厅、成就馆、历程馆、区域馆和无锡馆 5 部分，展示了中国乡镇企业的发展历程与历史意义，总结了乡镇企业的发展特点。室外的春雷造船厂旧址则保留了 5 座东西走向的船坞，并进行了产品与生产场景的复原展示。应该说，中国乡镇企业博物馆作为建立在物质工业遗存基础上的工业遗产博物馆，在建筑等方面并无太多特殊之处，但其展示的改革开放史内容目前在国内尚不多见，作为改革开放工业遗产具有非常高的价值。

此外，国企也产生了工业文化遗产，在中国的改革开放中同样做出了巨大贡献，“宝钢”是其中的一个典型。宝钢即上海宝山钢铁总厂，是改革开放初期的一个标杆性工业建设项目，从日本、联邦德国等资本主义国家引进技术，于 1978 年 12 月开始建设。作为在改革开放中成长起来的新国企，宝钢具有敏锐的市场意识和创新精神。宝钢领导黎明曾明确提出：“国家建设宝钢不是为了生产‘大路货’，生产‘大路货’不需要投资 300 亿元。宝钢人追求的不是与国内企业对标，而是向世界上最优秀的钢铁企业看齐。宝钢必须生产国家急需的，国内其他企业难以生产的，可以替代进口并供出口的，能与世界先进企业产品媲美的高难度、高附加值产品。”从 1993 年开始，宝钢就对生产的品种结构进行调整，重点增加高技术含量、高附加值产品生产，并将生产计划和实绩纳入各生产单元的考核，还根据市场情况对产品进行动态调整。起初，国内缺乏生产 05 级冷轧板（简称“05 板”）的能力，而 05 板是生产轿车用钢板的最高级别。在宝钢二期工程所设计的产品大纲中，本来没有 05 板，但宝钢决策层敏锐地觉察到中国汽车工业将迎来快速发展期，斩钉截铁地推进 05 板的生产，从 1990 年起开始向上海大众汽车公司（简称“上海大众”）供货。但是，1996 年，上海大众连续 4 个月没有订购宝钢 05 板，改用进口钢板，宝钢某些职能部门对此无动于衷，个别领导还说：“我们的 05 板是可以的，上海大众不要，还有其他厂要，只要货订出去就行了。”黎明获悉后，提出了严厉批评，并批示“桑塔纳轿车厂停止向宝钢订货，这是宝钢建厂以来最大的事故，要在宝钢 1996 年大事记上记下一笔，以志不忘”。于是，宝钢把提高 05 板质量作为生死攸关的重要任务看待，冷轧厂先后找出 108 个影响 05 板质量的因素，并制定整改措施。1996 年年底，宝钢找回了上海大众这个用户。此后，宝钢加快了高等级汽车板的研发、生产进程，1999 年 12 月，宝钢汽车板获得英国标准协会颁发的 QS9000 认证，达到美国通用、福特、克莱斯勒三大汽车公司的供货标准，进入世界第一方阵。因此，宝钢充分体现了创新精神与质量意识等改革开放最需要的工业精神。为了传承这种精神，宝钢在宝钢工程指挥部旧址这一工业遗址的基础上，建立了宝钢历史陈列馆。宝钢历史陈列馆由宝钢工程指挥部大礼堂、3号楼和4号楼等3幢老建筑进行修葺、改建而成，利用了工业遗址。馆内展示了宝钢的决策经过和发展历程，馆外的园区内展示着经过设计加工的宝钢曾经使用过的原料、已报废的设备部件等工业遗存。宝钢历史陈列馆于2008年宝钢建设30周年之际开馆，无论是对于宝钢自身，还是对于改革开放，都具有重要的纪念意义。因此，尽管宝钢历史陈列馆利用的不是厂房车间等历史工业建筑，但也利用了符合工业遗产定义的老建筑，在形成年代与文化内涵两方面均属于改革开放工业遗产。

通常人们之所以不将工业文化遗产视为遗产，就是因为其太“新”，在这一点上，改革开放工业遗产的处境不言而喻。改革开放工业遗产因其距今时间最近，形成年代最晚，文化沉淀尚迟，既不容易被认定，也没有被社会充分认识到其价值。事实上，工业文化遗产作为一种新型的现代社会文化遗产所面临的种种困境，对改革开放工业遗产而言，都具有最集中的体现。因此，对改革开放工业遗产进行研究，并及时保护，是中国工业文化遗产事业的重要课题。如果将工业精神视为工业文化遗产的核心价值，那么，在整个中国工业史上，或许没有哪一种类型的工业文化遗产比改革开放工业遗产更能体现在正常状态下工业经济发展所包含的普遍性的价值观了。

第二章　中国工业遗产的价值与评价分析

价值评价作为遗产保护的重要组成部分，吸引了日益增多的专家学者研究。在国际上，遗产的价值评估起源于艺术史学者的研究。最早可以追溯到1902年意大利学者里格尔（Alois Riegl），他从艺术史的角度，将遗产价值分为年代价值、历史价值、相对艺术价值、使用价值、崭新价值。1963年，德国艺术史学者沃尔特（Frodl Walter）将遗产价值分为历史纪念价值（包括科技、情感、年代、象征价值）、艺术价值、使用价值。而对于工业遗产的价值，很多人也进行了不懈的分析。

第一节　中国工业遗产价值的构成

一、工业遗产价值研究的历史

1979年，以国际古迹遗址理事会（ICOMOS）澳大利亚国家委员会颁布的《巴拉宪章》（*Burra Charter*）为转折点，开始在遗产本身的历史、科技等价值的基础上，讨论文化遗产的地域性和独特性，将文化价值和社会价值纳入考虑。1988年，国际古迹遗址理事会继续颁布《巴拉宪章指导方针：重大之文化意义》，明确了文化遗产的审美价值、历史价值、科技价值、社会价值和其他价值。

20世纪后期，国内外学者对于遗产的价值，从建筑学、遗产保护学、经济学等角度展开了众多研究。1993年，由英国和芬兰的建筑遗产保护学者伯纳德·费尔登（Bernard Feilden）和尤嘎·尤基莱托（Jukka Jokilehto）编著的《世界遗产地管理导则》一书中，将遗产价值分为文化价值和社会经济价值。这标志着遗产的价值认知开始同时考虑经济价值。1997年，瑞士经济学家布鲁诺·弗赖（Bruno Frey）提出遗产价值分为财政价值、选择价值、存在价值、遗赠价值、声望价值和教育价值，即开始考虑到遗产的传承性和对未来的影响，并且加入可持续发展的考虑。1998年，英国城市规划学者纳撒尼尔·利奇菲尔德（Nathaniel Lichfield）将遗产价值分为固有价值和使用价值，并基于自然资本、人力资本、物质资本三种资本来评估文物建筑的文化价值。

2001 年，澳大利亚经济学家戴维·思罗斯比（David Throsby）在专著《经济学与文化》中，将文化遗产价值分为审美价值、精神价值、社会价值、历史价值、象征价值、真实性价值与经济价值。2002 年，美国宾夕法尼亚大学历史建筑保护工程系的主任兰达尔·梅森（Randall Mason）教授在《保护规划中的价值评估：方法问题与选择》中，将文化遗产价值分为社会文化价值与经济价值。其中社会文化价值包括历史价值、文化 / 象征价值、社会价值、精神 / 宗教价值、审美价值；经济价值包括使用 / 市场价值、非使用价值，其中非使用价值包括存在价值、选择价值和遗赠价值。2012 年，意大利罗马大学教授塞尔吉·巴里莱（Sergio Barile）和萨勒诺大学教授萨维亚诺（Marialuisa Saviano）合著的论文《从文化管理到文化遗产政策系统》中，用亚里士多德的四因说（Four Causes by Aristotle），将遗产价值分为固有价值（质料因和形式因）和使用价值（动力因和目的因）。

2003 年 7 月，国际工业遗产保护委员会在俄罗斯北乌拉尔市召开会议，通过了保护工业遗产的《下塔吉尔宪章》（*The Nizhny Tagil Charter for the Industrial Heritage*），定义工业遗产是具有历史价值、技术价值、社会价值、建筑或科研价值的遗存（TICCIH，2003）。该宪章以《威尼斯宪章》为基础，作为第一部关于工业遗产认知与保护的国际准则，具有重大意义。2005 年，国际古迹遗址理事会在西安颁布《西安宣言》，明确遗产周边环境的重要价值。在后续的国际学者关于工业遗产价值评估的研究中，多基于《下塔吉尔宪章》以及《巴拉宪章》与《世界遗产公约》中突出普遍价值的评估标准，从广义上的文化遗产价值评估标准评估工业遗产的价值。

2011 年，英国颁布《“登录建筑”中的工业建（构）筑物认定导则》（*Designation Listing Selection Guide Industrial Structure*，2011），将工业遗产的认定标准分为“更广泛的产业文脉，地域因素，完整的厂址、建筑与生产流程，机器、技术革新，重建和修复，历史价值”；2013 年，英国颁布《“在册古迹”中的工业遗址认定导则》（*Designation Scheduling Selection Guide-Industrial Sites*，2013），将工业遗址价值评估的总体标准定为“年代、稀有性、代表性和选择性、文献记录状况、历史重要性、群体价值、遗存现状、潜力”。

现在被国内广泛应用的价值评估标准，多为 2015 年修订的《中国文物古迹保护准则》，准则将文物古迹分为“历史价值、艺术价值、科学价值、社会价值、文化价值”，其中的社会价值和文化价值是在 2000 年版本的基础上新增的，“社会价值包含了记忆、情感、教育等内容，文化价值包含了文化多样性、文化传统的延续及非物质文化遗产要素等相关内容。文化景观、文化线路、遗产运河等文物古迹还可能涉及相关自然要素的价值”。

我们探讨最多的是工业遗产的文化价值，2014 年 5 月，中国文物学会工业遗产委员会、中国建筑学会工业建筑遗产学术委员会、中国历史文化名城委员会工业遗产学部联名推出了《中国工业遗产价值评价导则（试行）》，这也是关于中国工业遗产的文化资本价值构成。这个文件是在国际导则的基础上，在分析了十余年中国理论探索的基础上总结的。

综上所述，遗产的价值认知，在 20 世纪 80 年代之前多着重于遗产本体的价值，即历史、艺术、科技等价值；20 世纪 80—90 年代，开始将地域性独特的文化价值、社会价值纳入考虑；20 世纪 90 年代至 21 世纪初，关于文化多样性的研究以及从经济学角度的遗产价值评估逐渐增多，并考虑对未来的持续动态的影响，与可持续发展相结合；自进入 21 世纪以来，多学科交叉综合的遗产价值评估开始逐渐增多，在考虑遗产本身的前提下，同时关注遗产周边环境的价值。

二、工业遗产价值内涵

对于工业遗产的价值内涵，一般认为工业遗产同文化遗产一样有“基础价值”和“功利价值”。国际宪章和各国的遗产保护制度偏重于关注历史、科技、美学、社会等方面的“基础价值”。1972 年，联合国教科文组织发布的《保护世界文化和自然遗产公约》认为文化遗产有历史、艺术、科学、审美或者人类学等方面的突出普遍价值。《中华人民共和国文物保护法》中将文物的价值概括为艺术价值、历史价值、科学价值三种类型。《下塔吉尔宪章》明确阐述了工业遗产的价值在于“技术、历史、社会、建筑或科学价值”。《无锡建议——注重经济高速发展时期的工业遗产保护》则提出工业遗产的价值在于“历史学、社会学、建筑学和科技、审美价值的工业文化遗存”。

随着工业遗产保护理论研究的深入，各国家对工业遗产的理论研究和关注的价值重现理念既包含“基础价值”，也包含“功利价值”。工业遗产的价值基础为其基础价值，而功利价值是存在于其基础价值之上的。工业遗产的基础价值是存在于工业遗产自身的，不受任何客观条件影响。而工业遗产的功利价值是受外界条件影响的，工业遗产的功利价值并不能完全反映和体现工业遗产的基础价值，二者甚至在某些情况下会存在冲突。本书认为历史价值、科技价值、美学价值、文化价值是工业遗产的基础价值，经济价值、景观价值、生态价值、区位价值是工业遗产的功利价值。

三、工业遗产价值的分类

工业遗产只有几十年的历史，较之于几千年的中国农业文明和丰厚的古代遗产来说历史发展比较短，但它们同样是社会发展不可或缺的物证，对城市人口、经济、社会的影响甚至高过同历史时期的文化遗产。

（一）工业遗产的基础价值

1. 历史方面

历史价值是工业遗产的第一价值，也是社会各方共同关注的特征。工业遗产见证了工业活动对历史和今天所产生的深远影响，是一个历史时代经济、社会、文化、产业、工艺等方面的文化载体，工业遗产记录着特定的历史文化信息，是把握近代历史，解释社会发展的重要证据和实物。

工业遗产有利于人类了解工业文明起源、发展，工业技术的革新，工业组织的变更以及工业价值观的变化，凝结着普遍性的历史价值，有着其他文化遗产不可替代的重要作用和意义。通过工业遗产，可以了解工业社会生产方式、生产关系的发展和变化。譬如可以从设备工艺中了解当时的生产状态，从厂房车间的结构中了解工人之间的关系，从空间布局关系中了解工人与企业主的关系，从工业产品中了解当时社会的生产能力和消费水平，从工业遗产自身发展进程了解它对历史、社会的作用和影响等。

工业遗产往往又与重大历史事件或重要历史人物有关联，具有特殊的见证价值。比如，德国的包豪斯学院（Staatliches Bauhaus），1919 年由德国现代建筑师格罗皮乌斯在魏玛筹建，后改称“设计学院”（Hochschule Gestaltung），习惯上仍沿称“包豪斯”。在两德统一后位于魏玛的设计学院更名为魏玛包豪斯大学（Bauhaus-Universitat Weimar）（图 2-1-1）。它的成立标志着现代设计教育的诞生，对世界现代设计的发展产生了深远的影响，包豪斯也是世界上第一所完全为发展现代设计教育而建立的学院。学院采用一套有特色的新的教育方针和方法，培养了一批杰出的现代派艺术大师，是西方激进艺术流派的摇篮。包豪斯学院把古典的或者说传统的建筑教育和艺术设计教育转化为一种现代主义的教育方式，反映了 20 世纪 20 年代人类思想观念、审美观念包括教育观念的转化，充分体现了工业遗产的历史价值。

图 2-1-1　魏玛包豪斯大学

同时，工业遗产对城市的发展起到了至关重要的作用，如果忽视或者丢弃了工业遗产，就抹去了城市发展中最重要的一部分记忆。例如，加拿大多伦多的旧城区复兴计划，在对城内的工业遗产进行价值阐释时，从轮廓（不断变化着的自然和人造景观）、生活（今昔居住在那里的人们）、影响（与边界及世界的相互影响）三个分主题进行诠释，在每一个主题下针对工业遗产的具体情况设立了生动有趣的故事，形成工业遗产的整体印象，向世界展示了一个不断变化、积极向上的旧城的复兴，成为城市发展的历史记忆。

2. 文化方面

工业遗产作为城市文化的一部分，承载的是一所城市曾经的辉煌和坚实的物质基础，同时也是工业文明重要的物质载体与实物见证，反映工业时代特有的工作方式和社会生活方式，与生产生活和社会发展血脉相连，给城市居民、产业工人留下了深刻的记忆。工业革命为城市和人们的生活带来了翻天覆地的改变，这些遗留下来的高大厂房、高耸的烟囱、水塔，从视觉上具有相当大的震撼力，形成了一种极佳的区域吸引力。有价值的工业遗产中形形色色的地标已经成为城市识别的鲜明标志，为城市形象塑造增加了特色文化元素。

工业遗产是工业时代普通大众的主要生产生活场所，中国工业遗产的产生和发展伴随着城市的发展，见证了城市兴衰，承载着一代甚至几代人的回忆与情感，是城市居民和产业工人呕心沥血的奋斗成就。在社会日新月异发展的当下，工业遗产的存在可以慰藉人们失落的心灵，让人们依稀看到自己的往昔，带给人们认同感和归属感。对工业遗产进行改造利用，对周边城市居民的生活给予尊重，容易引起城市居民和产业工人的共鸣。

工业遗产也是工业城市精神的重要纽带与延续渠道。它承载着生产活动中人们的共同体验、劳动与智慧、情感与回忆，并将这些信息以及工人的历史贡献和崇高精神通过物质及非物质传递到现在以至未来，是工业城市文脉传承的重要载体。工业遗产是工业发展时期的缩影，人们在这个时期的奋斗精神、创新精神，以及凝结在工业遗产中的企业文化、企业精神、企业理念，都是非常重要的教育素材。如轰轰烈烈的大庆油田第一次创业，创造了举世闻名的“大庆精神、铁人精神”。铁人精神经过 50 多年的成长磨砺，不断创新、发展，作为重要的非物质文化遗产有着十分深远的教育意义，至今仍对当代人的生产、生活起着十分重要的指导作用。因此，即使有形的工业物质遗产已遭到损毁或湮灭，寄以“场所精神”的营造同样能延续工业遗产的价值。

3. 科技方面

作为工业生产活动的场所，工业遗产完整记录了每个时代科学技术的发展，见证了科学技术对提高生产力的重要作用，包含了许多对生产活动有着重要促进作用的科学发明与技术创造，是人类智慧的结晶。工业遗产是进行工业生产活动的场所，这是它区别于其他文化遗产与自然遗产的重要特征之一。

机械设备、生产流程、制作工艺、生产组织方式等工业遗产承载了工业生产活动中重要元素的革新与发展，勾勒了科学技术发展和革新的轨迹。保护好工业遗产才能向后人展示工业领域科学技术的发展过程，对后人在科技方面的研究具有启迪的重要作用，对今后的科学技术发展具有启示的科技价值。

除工业生产工艺的科学技术价值外，工业区、工业建筑、厂房规划建设也是重要的生产活动。工业时代往往将经济和效率作为生产活动追求的核心目标，因此当时的工业建筑也充分体现了那个时代先进合理的建造方式、结构形式与施工工艺。工业遗产的工业建筑物、构筑物，一般采用的是当时的新技术、新材料、新结构；而为了保证工业生产的最大产出以及与城市的关系，工业区的选址与规划也具有相当的科学性。工业遗产对这些方面的记录同样对建筑工程以及城市发展有很大的科学价值。

工业革命使科学技术、城市经济和社会文化等方面产生了前所未有的深刻变化，体现了人类改造社会、改造自然的能力。如 1779 年由托马斯·法勒·普瑞查德（Thomas Fale Pritchard）设计的著名的“铸铁桥”（Iron bridge），是世界上第一座用铸铁建造的桥，坐落在英格兰什罗普郡的萨翁河上。这座单跨拱桥跨度为 30.5 米，有 5 个拱肋，每个拱肋由两个弧形拱肋组成。由于该桥经受住了 1795 年的特大洪水，从此铸铁开始被广泛应用于桥梁、建筑和引水桥的建造。这座桥是英国工业革命的显著标志，对于世界科技和建筑领域的发展具有很大的影响。又如，1959 年我国修建的酒泉卫星发射中心导弹卫星发射场（图 2-1-2），作为我国建立最早、规模最大的导弹和卫星试验基地，在过去的 40 多年间，建立了比较完备的试验体系，成功地完成了多种型号导弹、远程运载火箭、人造地球卫星以及载人航天飞船的试验。其在科学上具有开创意义，展示出重要的科技价值，因此被国务院列为全国重点文物保护单位。

图 2-1-2　酒泉卫星发射中心导弹卫星发射场

4. 美学方面

工业遗产的美学价值与普遍意义上的建筑艺术的不同之处在于前者更多地体现为建筑艺术与实用主义的相互糅合。工业建筑作为工业生产活动的主要载体，具有不同于一般建筑的独特空间结构，具有工业特色的立面、连续大空间所体现出的韵律美；大尺度、超尺度的构筑物、生产设备、管路线网、运输流线，都能在工业区中形成独特的天际线，彰显工业建筑的力量美；废弃的生产设备、坍塌的工业建筑、荒废的生产场所是工业遗产的特殊“雕塑”，彰显工业遗产的抽象美。此外工业遗产还被赋予了特殊的“工业风貌”。作为早期现代主义的启示点之一，生产设备、生产机械本身严谨的构造、富有逻辑的精美结构，都是工业建筑独有的“机械美学”的直接体现。

这些富有“机械美学”的生产设备、生产机械以及生产设备群所体现的工艺流程和产业特征，体现出工业遗产独特的“工业风貌”，具有重要的景观和美学价值，对后人创造性思维的发挥有重要的启示作用。比如，北京 798 艺术区（图 2-1-3），前身即我国“一五”期间建设的“国营华北无线电器材联合厂”（又名 718 联合厂），718 联合厂是由周恩来总理亲自批准，王铮部长指挥筹建，苏联、民主德国援助建立起来的。联合厂具有典型的包豪斯风格，是实用和简洁完美结合的典范。厂房高大宽敞，弧形的屋顶、倾斜的玻璃窗，透射出独特的韵味。其建筑风格简约朴实，讲究功能。为了满足充足采光和避免阳光直晒影响操作的厂房功能需求，设计师采取了半拱形的顶部设计——朝南的顶部为混凝土浇筑的弧形实顶，朝北则是斜面玻璃窗，构成了完美空间。向北开的窗户，大而通透，不管阴天下雨还是艳阳高照，保证光线都能均匀地照到房间，这种恒定的光线产生了一种不可言喻的美感。厂房不仅外形漂亮，而且内在结构也相当牢固。由于当时的特殊大环境，在设计建造厂房的时候还充分考虑到备战的需要，为了避免在厂房遭遇袭击发生爆炸时散发热能导致厂房由里向外全部炸毁，设计师特别考虑设计细节，厂房的骨架结实，屋顶薄且留有细缝。这些设计充分体现了工厂建筑的科学性和独特性。独特的美学价值是孕育文化创意产业的宝贵资源和难得空间。

图 2-1-3　北京 798 艺术区

（二）工业遗产的功利价值

工业遗产的功利价值依附于其基础价值，功利价值能更直接地创造效益，而且能更有效地开发利用。本书将从区位价值、生态价值、景观价值、经济价值四个方面对工业遗产的功利价值进行分析阐述。

1. 区位方面

发达的工业促使城市化进程加快，到了后工业时期，城市需要对产业结构进行调整，工业遗产是城市产业结构调整的产物。

产业结构调整对城市产业布局和城市发展格局的改变影响深远。对于国内一些城市，早期的工业大多集中在城市中心区，工业遗产的区位优势本来就很明显。另一些城市则因为迅速扩张，使原来位于城市近郊或远郊，有的甚至靠近农业区的工业遗产所处地段变为新的城市中心区，周边区块在城市更新中将功能转换成商业、文化、居住，进而引发工业遗产地区位条件的变化。城市中心工业遗产所在地的土地价值飙升，区位价值凸显。良好的区位价值意味着工业遗产有较好的城市基础设施配套，区位价值对其他功利价值有着重要影响甚至决定性的作用。位于城市中心区域的工业遗产，一般拥有良好完善的交通基础设施、完整的商业配套设施。交通基础设施完善表明通达性高，商业配套设施完善意味着便利性高，可以满足工业遗产的改造利用条件。区位价值高的工业遗产易于与其他旅游项目相结合、相关联，作用与反作用于城市旅游体系。在改造中它与区域功能、空间的相互渗透、交织、融合，成为城市或地区其他功能的重要补充。

2. 生态方面

工业遗产合理的改造与利用比拆除、重建具有更多的生态价值。工业遗产一般都具有一定的规模和体量，大量的工业建筑拆除必然伴随着大量能源的消耗与二氧化碳的排出，拆除建筑时也伴随着大量的粉尘和不可降解的废物，对周边环境会造成严重污染，极大影响周边居民的生活、居住环境。

另外，具有多重价值的工业遗产变为建筑垃圾，又要消耗不少资源来进行处理，增加环境的负担，对自然生态造成破坏。较之于完全新建，对工业遗产建筑改造再利用可以省去主体结构及部分可用基础设施所花费的资金。在工业遗产改造实践中我们也看到，废弃物等可加工成雕塑，钢板焰化后可铸造成其他设施，砖、石头磨碎后可当作混凝土骨料，资源有效再利用也是对生态的保护。

由于长时间稳定存在的缘故，工业遗产周边自然生态必然处于一个相对和谐的状态，大规模的拆除建设对周边自然生物无疑是一场生态浩劫。无论是对保护价值相对较小的一般绿化植物，还是对有重要保护价值的古树名木来说，动荡的生态环境都很难给它们创造一个基本的生存条件。从这个角度考虑，保护工业遗产对周边生态环境也有十分重要的作用。

3. 景观方面

工业遗产地段的环境改造设计中，充分利用原有建筑及景观的特征，结合现有的社会形态及环境特征对其进行新的改造和更新，大到遗迹公园，小到景观小品，工业遗产在景观方面有着十分丰富的开发资源以及无限的开发潜力，从而形成区别于他处的具有独特历史韵味的个性新场所。场地上具有历史价值的、代表工厂时代特征和文化个性的工业构件，是城市工业遗产景观设计的重要部分。建构筑物、生产设施等可以成为人们对工业时代凭吊或者怀念的场所。而巨大水塔、烟囱等工业设施也可改作工业时代人们劳动精神的纪念碑。通过景观元素的尺度调整、色彩搭配、材质组合，通过对景观场景的布置、景观欣赏线路的安排等，为城市提供十分重要的景观价值。同时在老城区更新的实践中，由于土地资源有限及开发成本较高等问题，利用工业遗产地的景观价值进行公园化改造实践，是城市“见缝插绿”最经济的办法。工业遗产的景观价值对提升空间品质、城市品位有着十分重要的意义。

韩国汉江仙游岛公园（Seonyudo Park）利用净水厂原有的空间，建造了一系列具有象征意义的主题庭园。通过对工厂的结构的重新阐释，表达了对工业地段和汉江历史的尊重。公园最大限度地利用原水厂的空间、设施、设备，通过细致的设计施工，对于原木、红砖、混凝土、钢板不同材料的对比使用，展现了东方园林特有的细腻和对使用者的关怀。公园的景观设计体现了强烈的环境保护意识和对场所历史的尊重和延续。2008 年获联合国人居环境奖的沈阳铁西区的景观复兴、广州中山岐江公园、南京的创意东八区、厦门铁路文化公园（图 2-1-4）等，都是工业遗产改造与城市景观建造结合的成功案例。

图 2-1-4　厦门铁路文化公园

4. 经济方面

工业遗产具有重要的经济价值，通过对工业遗产合理的改造、开发、再利用，不仅可以节约资金，避免资源浪费，而且还可以带动区域发展，加快产业结构调整。

由于工业生产对场地和设备的特殊要求，工业建筑物、构筑物结构一般相对坚固，具有较长的使用年限。德国鲁尔区的奥伯豪森在有色金属矿加工工厂废弃地原址上，新建了一个集购物中心、工业博物馆、儿童游乐园、多媒体影视体验等多种功能为一体的综合购物空间。澳大利亚对衰落破败的悉尼达令港进行改造利用，使其成为集旅游、购物、庆典活动为一体的综合购物区。国内的北京、上海等将工业遗产改造为文化创意园区。这些都是工业遗产成功利用的典型，体现了工业遗产巨大的经济价值。实践证明对工业遗产合理的改造和利用的确能创造巨大的经济价值，如北京 789 艺术区。

第二节　中国工业遗产价值的评析

一、工业遗产价值评价的意义

人的目光具有赋予事物以价值的魅力。通过对工业遗产价值评价，吸引社会更多地关注工业遗产，发掘工业文明的丰厚底蕴，为人类社会留下宝贵的物质和精神财富。

（一）加强对工业遗产的预测与判断

围绕人的需求对还未形成的客体评价其价值的功能，在评价过程中对多个具有价值的客体经过判断，确定其中价值高低的顺序，称为价值序列或价值程度判断。工业遗产价值评价活动，是对工业遗产的价值做出预测和判断，在有需要的情况下，还可将评价结果公布于众，听取大众对结果的反应，以此获得反馈信息，进而提高对工业遗产价值程度的预测准确性。

（二）引导大众支持参与

通过对工业遗产价值的评价，将工业遗产对人的各个层次的作用全面展示。评价活动最大的功能就是评价者通过评价表达欲对他人的行为产生影响，诱导或者引导他人按照评价表达的目的行动。这是评价表达中最为常见的功能。

可以通过法律法规以及政策的出台、大众媒体的宣传等方式体现工业遗产价值评价的结果，将对工业遗产保护与利用的主张、观点、态度、举措等传递给社会，引领多层面的社会群体关注和参与工业遗产保护与利用。

（三）找准工业遗产保护对象

随着城市化步伐的逐步加快，拥有工业遗产资源的城市都普遍存在工业遗产拆与保、遗弃与利用之间的争论和交锋。被列为文化遗产受法律保护的工业遗产项目仅占应纳入保护内容中的很小一部分。为了避免在对工业遗产进行保护利用的过程中，出现对工业遗产价值的认识不足，同时也避免“矫枉过正”，盲目抬高工业遗产的各种价值，陷入追求工业遗产的经济价值的误区，对工业遗产价值进行科学全面的评价，找准工业遗产保护与利用的对象具有重大的意义。

二、工业遗产价值评价原则

工业遗产是城市宝贵的物质和精神财富，因其不可复制性与不可再生性，其评价需要基于适用的原则、保持谨慎的态度。

（一）注重历史信息真实

注重历史信息真实指的是原真性原则。原真性原则是国际上定义、评估历史文化遗产的一项基本原则。工业遗产也是历史文化遗产的一个类型，因此必须将工业遗产的历史信息真实地保留下去，传递给后代。

（二）科学客观地评价

评价必须科学客观地反映我国城市工业遗产的最本质的特征，概念清晰，避免重复。

（三）采取全面的角度

工业遗产既包括物质形态的遗产，也包括非物质形态的遗产。中国古代历史上广义的工业遗产有着丰富的资源，包括酿酒、水利、工程、冶炼、陶瓷、纺织等，多存在于传统手工艺的方面，应当纳入评价范畴。发展脉络、产业文化、价值观念、工艺流程等非物质形态的保护也应受到同等的重视。

（四）注重工业遗产的代表性

工业遗产是在一个时期、一个领域、一个行业领先发展，具有较高水平，富有特色的典型代表。既要注重工业遗产的广泛性，避免因为认识不足而导致工业遗产消失，又要注重工业遗产的代表性，避免由于界定过于宽泛而失去保护重点，要保证把最具典型意义、最有价值的工业遗产资源保留下来。

（五）从整体上考虑

评价城市工业遗产，不仅要考虑工业遗产自身的价值，还应从整体上考虑工业遗产对周边建筑、所在地段乃至城市的影响，要从城市整体发展的角度进行评价。

三、国内外工业遗产价值现状

（一）国外工业遗产价值评价现状

1. 加拿大

《标准、通用导则与专门导则——评估具有国家历史意义潜力的主题》介绍了加拿大对工业遗产价值的理解和评估标准，如表 2-2-1 所示。

表 2-2-1 《标准、通用导则与专门导则——评估具有国家历史意义潜力的主题》中与工业遗产价值评估相关的标准

国家历史意义标准中相关内容	通用导则中相关内容	专门导则：场所中历史工程地标导则的内容
①阐释了在概念和设计、技术和/或规划方面的某一特殊创造性成就，或阐释了加拿大发展中某一重要阶段的特殊创造性成就； ②全部或部分地阐释或象征了某一文化传统、某种生活方式，或加拿大发展中重要的理念	①完成于 1975 年之前的建筑物、建筑物的全部附属和遗址，可考虑认定为具有国家历史意义； ②尊重自身设计、材料、工艺、功能和/或环境完整性的场所，可考虑认定为具有国家历史意义，因为这些元素是理解场所意义必不可少的	①体现了某一杰出的工程成就； ②凭借优良的物理性能，具有突出的重要性； ③是某一重要的创新或发明，或阐释了某一非常重要的技术进步

2. 美国

美国历史场所国家登录的历史财产（Properties）类型有：区域（Districts）、遗址（Sites）、建筑物（Buildings）、构筑物（Structures）和物品（Objects）五类。下面的标准适用于评估财产是否可以被登录为国家历史场所，即在美国的历史、建筑、考古、工程技术和文化方面有重要意义，在场地、设计、环境、材料、工艺、情感和关联性上具有完整性的区域、遗址、建筑物、构筑物和物品，具备下列条件之一：

①与重大的历史事件相关，该事件对历史有重要贡献；

②与过去重要人物的生活相关；

③体现某一类型、某一时期或某种建造方法的独特个性，或是大师的代表作品，或具有较高的艺术价值，或是具有群体价值的一般作品；

④从中已找到或可能会找到史前或历史上的重要信息。

关于标准的思考：通常坟场、出生地或历史人物的墓地，属于宗教机构或用于宗教用途的财产，从原有场地移来的构筑物，重建的历史建筑，纪念用途的财产和不足 50 年的财产，不具有国家登录资格。但是如果这些财产是整体（满足登录条件的）中不可分割的一部分，或者它们满足下列条件之一，也将有资格登录为国家历史场所：

①一份宗教财产，但它的意义主要源于其建筑、艺术或历史上的重要性；

②一幢建筑物或构筑物虽已不在它最初的场所中，但其意义主要源于其建筑的价值，或源于其现存结构与历史人物或事件相关；

③如果没有其他合适的遗址或建筑与某位历史人物的生活直接相关，那么这位历史人物的出生地或墓地具有杰出的重要性；

④一片坟场若其意义主要源于卓越人物们的墓地，或源于其年代、独特的设计特点，或与历史事件相关；

⑤一幢重建的建筑，当其建造在十分合适的环境里，并且作为修复总体规划的一部分，呈现出一种庄严的方式，并且没有其他相关的建筑物或构筑物幸存时；

⑥一份用于纪念目的的财产，但若其设计、年代、传统或象征价值具有自己杰出的意义；

⑦一份不足 50 年历史的财产，但若其具有杰出的重要性。

除了官方的评估标准外，一些非官方的专业学会与保护组织也对工业遗产的评估制定了标准。美国有较多历史环境保护的专业学会，如土木工程师协会（ASCE）、金属协会、机械工程协会等，这些协会都有各自的历史地标认定标准，其中影响最广泛且与工业建筑遗产关系最紧密的是土木工程地标。土木工程师协会对土木工程地标的提名与指定列出了 6 条评估标准：

①被提名的项目必须具有土木工程的国家历史意义。尺寸、设计、施工技术的复杂性本身并不构成国家历史意义。

②该项目必须能代表工程历史中的重要一面，但并不一定是由土木工程师设计或建造的。

③该项目必须有一些独特性（例如第一个建设项目），或已取得了一些重大的贡献（例如，采用某种特定方法设计的第一个项目），或使用一种独特或重要的建造技术或工程技术。该项目本身必须为国家的发展做出贡献，或至少是对一

个非常大的区域有贡献。因此，一个没有贡献的项目，或者仅是一处技术上的“死胡同”是不能具有国家历史意义的，尽管它是“第一个”（或仅此一种）。

④项目通常是能为大众观赏的，虽然安全上的考虑或地理上的隔离可能会局限访问。

⑤提名的项目应至少在 ASCE 匾牌制作完成之前已建成 50 年。

⑥项目必须有安装 ASCE 匾牌的合适空间，可装入一个 13 英寸 ×19 英寸的铜牌，并且能被大众看到。

3. 德国

德国从 20 世纪初期开始进行“技术文化纪念物”或简称“技术文物”的保护工作：在“技术文物”的名称下，德国得到官方认可的相关研究和保护工作可以说比英国更早：

1928 年，德意志博物馆（DM）、德国家乡保护联盟（BHU）与德国工程师联盟（VDI）三方一起成立了“德意志保存技术文化古迹工作组”。工作组的指导原则中指出，“技术文物是指那些具有价值的古老的机械设备，作为整体仍然保存在原先的地点与位置，并且对于该行业来说，在某些地区具有典型性”。在德国，历史建筑保护的法律和管理权限由各州负责，各州的文物保护组织分为州内务部文物保护局（Innenministerium Landesamt Fuer Denkmalschutz）、州行政区域机构（Regierungspraesidium）及地方自治体（Gemeinde）三个层面。各州的法律和导则不同，本书选取有代表性的柏林市作为一个点来看德国对工业遗产的认定评估。

《柏林文物保护法》（1995）中介绍了德国对文物的评估，从中可以看到德国对工业遗产价值评估的关注点。保护法中文物的定义为：

“本法律所谓的文物是指文物建筑、文物建筑群、文物园林以及文物遗址。

文物建筑是指一个建筑物或构筑物，或者是建筑物或构筑物的一部分，由于它具备的历史、艺术、科学或者城市设计上的意义而加以保护。作为文物建筑，其附属物和装饰都是作为整体来塑造文物建筑价值的。

文物建筑群是指多个建筑设施或绿化设施（群体、总体设施），或街道、广场、景点设施及与居住区相关的户外空地和水景设施等，其保护原因是具备上述的普遍意义（具备的历史、艺术、科学或者城市设计上的意义），即使该建筑群并不是每个组成部分都是文物建筑。

文物园林是指一处绿化设施、花园或公园设施，一座墓地，一条林荫道，或者一处风景造型，其保护原因是具备上述的普遍意义。作为文物园林，其附属物和装饰都是作为整体来塑造文物园林价值的。

文物遗址是指一个可移动或不可移动的物件，它位于土地上或水域中，其保护原因是具备上述的普遍意义。”

（二）国内工业遗产价值评估现状

1. 学者与文献方面的研究

国内对于建筑遗产评估探讨较早的是朱光亚、方遒、雷晓鸿在 1998 年发表的《建筑遗产评估的一次探索》。对于工业遗产价值评估研究着手较早的是刘伯英、李匡 2006 年发表的《工业遗产的构成与价值评价方法》，该文章较早地介绍了国外工业遗产的理念，提出了中国工业遗产资源的价值构成：历史价值、文化价值、社会价值、科学价值、艺术价值、产业价值、经济价值这七类价值，并提出了评价原则。这篇文章比较全面地指导了工业遗产的研究。

王建国、蒋楠 2006 年发表的《后工业时代中国产业类历史建筑遗产保护性再利用》，较早地关注了保护性再利用的问题，其关于工业遗产的价值评估问题经过一系列的研究后，在 2016 年《新建筑》发表了比较完整的评估体系《基于适应性再利用的工业遗产价值评价技术与方法》，该文章比较全面地讨论了价值评价指标体系、指标评分、权重设计等，建立了一套评价的方法。文中量化评估是其突出的特点，笔者认为历史、艺术、科学三大价值并不能涵盖工业遗产价值的全部，因此提出价值评价的 8 项指标：历史、文化、社会、艺术、技术、经济、环境和使用价值，并把这 8 项作为一级指标，二级指标有 24 项，再下一个层次是基本指标 45 个。

陈伯超 2006 年发表的《沈阳工业建筑遗产的历史源头及其双重价值》提出了文化价值和经济价值的互换性，虽然没有提出全部价值框架，但是对于文化价值和经济价值的位置却有独特的说明。

李向北、伍福军 2008 年发表的《多角度审视工业建筑遗产的价值》提出了工业建筑遗产的价值，包含历史价值、科学价值、经济价值、美学价值、社会及教育价值、精神价值、环境价值与生态意义多种内涵。

姜振寰 2009 年发表的《工业遗产的价值与研究方法论》阐述了对价值构成的思考：历史价值、社会价值、文化价值、科学研究价值与经济价值。

寇怀云、章思初 2010 年发表的《工业遗产的核心价值及其保护思路研究》提出价值构成包括艺术价值、历史价值与技术价值，核心价值为技术价值。

汤昭、冰河、王坤 2010 年发表的《工业遗产鉴定标准及层级保护初探——以湖北工业遗产为例》划分了广义和狭义的工业遗产，并阐述了工业遗产的内涵价值、外延价值与综合价值，内涵价值为历史价值、科技价值、美学价值，外延价值为经济价值、教育价值，综合价值为社会价值、独特性价值。

李和平、郑圣峰、张毅 2012 年发表的《重庆工业遗产的价值评价与保护利用梯度研究》，针对重庆的案例对价值构成进行了探讨，文中将重庆工业遗产价值评价指标分为历史价值、科学技术价值、社会文化价值、艺术价值、经济价值、独特性价值与稀缺性价值。该研究也分了不同的指标层级，上述七项价值是一级指标，在此基础上又列出了二级指标，并且为每个指标赋予了权重。该文章将工业遗产的保护层次分为文物保护类、保护性利用类、改造性利用类，并提出了不同层次工业遗产保护的策略。

除了上述研究之外，还有很多博士和硕士的相关论文发表，这里不一一赘述了，笔者也进行了长期的探索。

前述研究分析表明：

第一，这些对于价值构成的研究基本基于文物保护法，它们的共同特点是都认为历史价值、艺术价值、科技价值是毫无疑问的评估指标，对于社会价值、文化价值则有一定争议，另外对于经济价值，多数学者基本认为还是应该列入工业遗产的价值体系中。此外，对于环境、真实性、完整性、稀缺性等则有不同见解。

第二，提出了不同层级的指标，基本以历史价值、科学价值、美学价值、社会和文化价值、经济价值等作为一级指标，然后有二级指标，甚至有三级指标。

第三，遗产权重有量化的客观操作，但是对于权重的选取还是会有主观的倾向。

第四，比较多的研究者主张对工业遗产进行分级处理，一般分为三级：文物保护类、保护性利用类、改造性利用类。

“刘伯英、李匡”“王建国、蒋楠”“李和平、郑圣峰、张毅”等的价值框架相对探讨得比较深入，是结合自己对国内工业遗产的研究总结而成，较单纯介绍国外经验更进一步，其中体系最复杂的是蒋楠的研究。

上述工业遗产价值指标的多样性也代表着“遗产化”过程中不同角度的价值取向，代表着中国文化遗产保护语境下的思考。国内研究及其提出的标准主要围绕工业遗产的几大价值（历史、科技、审美、社会文化、生态等）进行深化和细化，同时部分研究者也提出了真实性、完整性、濒危性、唯一性等其他在评估认定中影响工业遗产价值的因素。

2. 不同城市工业遗产价值评估现状

现今许多重要的工业城市面临着“退二进三”的产业结构调整，大量的工业遗存存在如何评估和保护的问题，一些学术团体和相关的政府部门为了保护本地区重要的工业遗存开展了积极的工作，课题组选取了七个有代表性的城市，研究其对工业遗产的价值评估情况。城市遴选的依据主要有：对本市的工业遗存情况进行过摸底调查，有一定普查经验和学术研究成果的城市；再从这些城市中选择近现代工业遗存较丰富、有代表性的城市，如在洋务运动、民族工业、抗日战争和“一五”、“二五”或三线建设时期工业较发达的城市。据此，本书选择了北京、上海、南京、重庆、无锡、武汉和天津七个城市。

北京从2006年开始对本市的工业建筑遗存情况进行了现状的摸底调查，2007年公布的《北京优秀近现代建筑保护名录》（第一批）中包含了6项工业建筑遗产。上海作为近代工业最发达的城市之一，工业遗存数量较多，在工业遗产保护的理念、政策和实践方面都走在全国前端，2007年上海开展的第三次全国文物普查发现了200余处新的工业遗产。2011年南京市在“南京历史文化名城研究会”的组织下，展开了为期四年的南京市域范围内工矿企业的调查，并提出了50余处工业遗产建议保护名录。重庆从2007年开始，由重庆市规划局牵头开展了重庆工业遗产保护利用专题研究，普查了本市工业遗存的状况，提出了60处工业遗产建议保护名录。无锡市从2007年开始对本市的工业遗存情况进行了摸底调查，并公布了第一批无锡工业遗产保护名录20处，第二批14处。武汉市于2011年组织编制了《武汉市工业遗产保护与利用规划》，经过调研推选出了27处工业遗存作为武汉市首批工业遗产。天津市从2011年开始在天津市规划局的组织下，对天津市域的工业遗存进行了较全面的调查研究，并列出了120余处建议保护名录。以上这些地区工业遗产建议保护名录的评定有的以学术团体、学者研究为主，并未达到行政法律层面；有的则已经受到地方政府的重视，并且纳入了法律的保护程序。

比如，济南市从2015年年底开始对中心城区范围内的工业遗产进行普查与摸底工作。济南市中心城区工业遗产的普查与调研工作首先从历史资料的收集与研究开始，对济南的工业历史进行了深入的分析研究，根据《济南市志》、济南市第三次全国文物普查资料、济南市文物保护单位资料、《济南市第二次全国工业普查资料汇总》及其他相关文献史料确定了初步的调查名单，然后分别开始了外业调研与内业资料收集整理工作，包括制定工业遗产调查表、进行外业调研测绘与内业史料与工艺资料的整理等。经过多次专家评议后最终统计出了92处工业建筑遗产，分为三个等级，9 处为优秀工业建筑遗产，与不可移动文物对接；19 处为较重要工业建筑遗产，与历史建筑对接；64 处为一般工业建筑遗产，与传统风貌建筑对接。

（三）国内工业遗产价值评价体系框架

我国的基本国情与西方发达国家不尽相同，《下塔吉尔宪章》的概念界定还不能够完全涵盖我国城市工业遗产的价值内涵。而工业遗产与文化遗产也不尽相同，因此要根据国情和工业遗产的特征，选取科学的指标，准确、全面反映我国工业遗产的价值内涵。指标体系只有能完整、系统、有效地反映被评价对象的状况，才是一个科学的体系。坚实的理论基础决定指标体系的科学性，关键指标选择决定指标体系的准确性，数据来源的权威性和可获得性决定指标体系的可比性，科学的指标体系研究方法决定指标体系的完整性。

通过对国内已有的工业遗产价值评价体系的比较研究，本书试图通过基础性价值和功利性价值两大一级指标入手，构建三级指标，构建工业遗产价值评价体系框架（图 2-2-1）。工业遗产价值评价指标构成如表 2-2-2 所示。

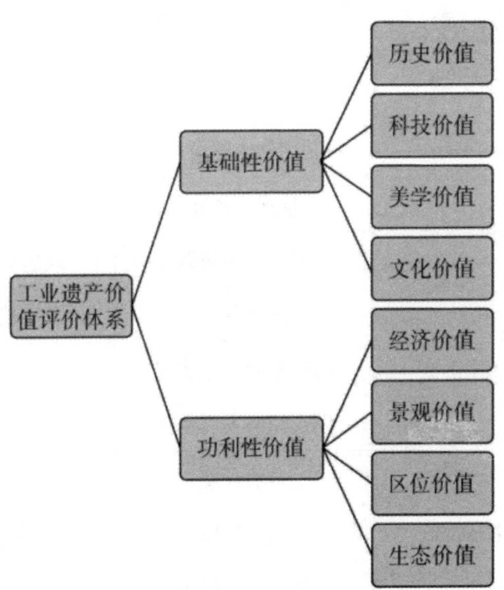

图 2–2–1　工业遗产价值评价体系框架

表 2-2-2　工业遗产价值评价指标构成

一级指标	二级指标	三级指标	三级指标内涵
基础性价值	历史价值	历史年代	工业遗产年代
		历史主题	与历史事件或者历史名人的关联度
		历史地位	是否具有开创性或者在行业的地位
	科技价值	工艺先进性	工艺先进性或者开创性
		材料结构先进性	建筑材料或者建筑结构先进性
		名优产品数量	产品代表当时的先进技术
	美学价值	建筑流派	造型、风格依旧与流派的关联度
		建筑设计师级别	建筑设计师的学术地位
		建筑风貌	审美价值表现度
	文化价值	工业文化精神	是否形成企业、行业和民族精神
		城市特色表现度	对城市形象的贡献度
功利性价值	经济价值	空间改造再利用的潜力	建筑物空间、结构等满足其他功能使用的改造潜力
		建筑完好程度	建筑的现状
		可利用的未建设用地	项目及周边可利用的未建设用地
	景观价值	景观个性度	遗产本身景观的个性度
		与周边景观协调度	改造后与周边景观的协调度
	区位价值	区位条件	遗产所处城市地段
		周边基础设施状况	周边配套设施
		周边经济发展水平	遗产所处城市地段经济水平
	生态价值	自然环境	山体水体植被
		人文环境	周边古迹民俗风情等
		环保测评指数	对环境的破坏及影响

通过三级网络建立针对工业遗产的层次评价体系结构：第一层指标为评价总结果目标，分为基础性价值和功利性价值。第二层是主要目标的指标层，分别为代表基础性价值的历史价值、科技价值、美学价值、文化价值和代表功利性价值

的经济价值、景观价值、区位价值和生态价值。第三层为针对 8 个主要目标细化的可评述的子目标层即子指标，每个子指标是一个可以用明确语言描述的、方便评价的分项评测因素。

对于非物质形态的工业遗产评估，不适用于上述框架。本书参照非物质文化遗产的价值评估体系，对非物质形态的工业遗产框架做如下探索（表 2-2-3）。

表 2-2-3 非物质工业遗产价值评价指标构成

一级指标	二级指标	二级指标内涵
历史价值	历史年代	工业遗产年代
	历史主题	与历史事件或者历史名人的关联度
	历史地位	是否具有开创性或者在行业的地位
科学价值	科普认知价值	科学知识和方法的丰富度
	科学考察价值	科学价值的典型性、特殊性和原创性
文化价值	文化价值	文化认同感文化情感认同、感染力
	文化基因	文化基因和独特品质
经济价值	遗产的物质	载体非物质遗产现有和未来可行性的物质载体
	经济价值实现度	已产生的经济收入、可开发的经济潜力
	利用方式的多样性	经济开发利用方式的多样性
教育价值	学术价值	在学术界的研究意义
	研究现状	学术界研究现状

四、工业遗产价值的评价过程

（一）确定评析方法

工业遗产是文化遗产的一个特殊门类，其价值评价方法的选择可借鉴文化遗产的评价方法，并要结合自身的情况和特点。

工业遗产的科学评价方法众多，但是各学者对方法的使用与流程的设计都不尽相同，如表 2-2-4 所示。

表 2-2-4　不同类型文化遗产价值评价的方法与流程设计

对象	作者	评价方法	评价流程特点分析
历史文化村镇	赵勇（建筑规划、地理与旅游领域），2006	因子分析法、聚类分析法	定性与定量方法相结合。 首先定性选取 15 项评价指标，然后运用 FOXPRO 和 SPSS 软件采用因子分析法和聚类分析法进行量化处理
	赵勇（建筑规划、地理与旅游领域），2008	层次分析法、问卷调查法	定性与定量方法相结合。 首先，定性选取 24 项评价指标。其次，利用层次分析法分为 A—F 层，建立指标体系，发放问卷，对每层元素进行两两相对重要度比较，构造判断矩阵，最终得出各指标权重值。最后，对每项指标根据其权重分值再划分等级打分，每项最高分为权重分值
	张艳玲（建筑规划领域），2011	德尔菲法、专家调查法、层次分析法、模糊综合评价法	定性与定量方法相结合。 问卷调查（一轮）评价因子集，将因子分为主、客观因子，评价体系分为主、客观体系。总体评价体系首先建立指标，用德尔菲法发放问卷，调查每层指标的权重，取专家评判值的几何平均数。其次用层次分析法构造判断矩阵，进行一致性检验，得最终权重。主、客观评价体系又经过专家咨询后确定评价指标，也采用上述方法确定各指标权重。最后制定了主、客观评价体系的评价标准。其中主观体系评价标准运用 SD 语义差别法，也运用了模糊数学，建立了多层次模糊综合主观评价模型
	邵甬（建筑规划领域），2012	无具体说明	定性与定量方法相结合。 特征评价（如历史建筑的典型性和聚落环境的优美度）采用定性比较方法。 真实完整性（如原住居民比例、历史建筑数量）采用定量比较方法
	李娜（建筑规划领域），2001	层次分析法	定性与定量方法相结合。 首先定性选取 27 项评价指标，利用层次分析法分为 A—D 层，建立指标体系层次结构模型。其次利用层次分析法求权重值
	常晓舟（地理与环境科学领域），2003	因子分析法、因子综合评价法、系统聚类分析法	定性与定量方法相结合。 首先定性选取 22 项评价指标。其次利用因子综合评价法等，采用 URMS 软件进行数据处理，提取主因子，计算主因子的特征值、方差贡献率、累计方差贡献率和公因子载荷矩阵等

续表

对象	作者	评价方法	评价流程特点分析
历史地段	梁雪春（系统工程领域），2002	问卷调查法、模糊综合评价法	定性与定量方法相结合。 首先定性选取 8 项评价指标，建立层次结构模型，采用专家调查法确定每层指标的权重值。其次运用模糊多层次综合评判法，用问卷形式对历史地段进行分析
	黄晓燕（建筑规划领域），2006	层次分析法、德尔菲法	定性与定量方法相结合。 将历史地段综合价值的评价内容分为对单体（组）建筑和历史地段整体两大部分。 首先定性选取两部分的评价指标，其次用德尔菲法获得指标权重的咨询值，最后用层次分析法计算指标的最终权重值
建筑遗产	朱光亚（建筑规划领域），1998	问卷调查法、层次分析法	定性与定量方法相结合。 首先定性选取 20 多项评价指标，运用层次分析法将指标分级，发放问卷，调查专家对每项指标的权重及专家的熟悉程度，将权重值乘以上一层的熟悉度系数，进行累加后再除以每个人的熟悉度系数之和，得出每一层的权重值
	查群（遗产保护领域），2000	层次分析法、德尔菲法	定性与定量方法相结合。 首先定性选取评价指标。其次发放问卷，调查各指标权重，同层权重之和定为 100，运用德尔菲法做了两轮问卷，回收后，以求绝对平均值的方法得出每个指标的权重。最后将评价指标分为四个等级打分，最高分为指标的权重值，并按 100%、60%、30% 和 0 递减。应用于实例时把每项指标的总分除以人数求平均值
	尹占群（遗产保护领域），2008	专家评分法	定性与定量方法相结合。 首先定性选取评价指标，权重由专家评分得到
	胡斌（建筑规划领域），2010	德尔菲法、层次分析法、专家评分法	定性与定量方法相结合。 本体价值评估：首先定性选取评价指标，将指标分为四级，每级分值相差 20 分。其次发放问卷调查表请专家打分，再汇总。可利用性评估：采用层次分析与德尔菲法（两轮问卷）结合，发放问卷进行指标权重打分，汇总求平均权重值，按从上到下逐层连乘的方法得到每个指标权重。最后将指标划分为四级打分，将指标得分乘以指标权重值得出最终价值分

续表

对象	作者	评价方法	评价流程特点分析
建筑遗产	蒋楠（建筑规划领域），2012	层次分析法、模糊综合评价法、ARP 评价法	定性与定量方法相结合。 综合评价与再利用完成效果评价：首先定性选取评价指标，其次运用层次分析法与模糊综合评价法。适应性再利用运用 ARP 评价法

（二）设计评价流程

对评价方法进行分析筛选后，如何运用评价方法设计评价流程是下一步的关键。结合当前学界对工业遗产文化资本的文化学价值评价方法与流程设计（表 2-2-5），借鉴其重视定性分析和专家评议的经验，同时结合上述管理学评价方法的分析，本书设计出工业遗产文化资本的文化学价值评价方法与流程，如图 2-2-2 所示。

表 2-2-5　工业遗产文化资本的文化学价值评价方法与流程设计

作者	评价方法	评价流程特点分析
刘伯英（建筑规划领域），2008	专家评分法	以定性分析为主，各指标的分数事先确定后，再由专家打分评价。 首先定性选择评价指标，评价指标体系分为两大部分。①历史赋予工业遗产的价值：分为五项，每项价值 20 分，每项价值分为 2 个分项，每个分项价值 10 分。②现状、保护及再利用价值：分为四项，每项价值 25 分，每项价值分为 2 个分项，前一分项价值 15 分，后一分项价值 10 分
张毅杉（建筑规划领域），2008	专家评分法	以定性分析为主，各指标的分数事先确定后，再由专家打分评价。 首先定性选取 20 项评价指标，将每项指标划分为 3 个等级，每级相差 5 分，I 级为 5 分，II 级为 10 分，Ⅲ级为 15 分。对每项指标打分后相加，这样最高分 300 分，最低分 100 分
齐奕（城市与景观设计），2008	专家评分法	以定性分析为主，各指标的分数事先确定后，再由专家打分评价。 首先定性选取评价指标，分为 5 个大类，17 个小类。每个小类分为 3 个等级，1 分、2 分、3 分，总分 51 分

续表

作者	评价方法	评价流程特点分析
刘翔（考古及博物馆学），2009	多指标评价法、专家评分法	以定性分析为主。 首先定性选取评价指标，把总目标分解为子目标，其次把子目标分解为可以具体度量的指标。评估人对标准进行打分汇总。最后相关专家学者对评价结果进行修正补充，以多指标评价方法为主，专家补充意见为辅
张健（建筑规划领域），2010	人工神经网络评价法	定性与定量方法相结合。 首先定性选取评价指标，分为三个层次。将评价指标分为 13 个等级，专家打分时选其中两个等级，取这两个等级中间的分数作为专家的打分值。利用软件采用人工神经网络作为评价过程处理模型，将复杂数据处理过程隐含在神经网络的隐含层、权重及阈值计算过程中，整个模型对于使用者是不可见的黑箱子
邓春太（建筑规划领域），2011	专家评分法	以定性分析为主，各指标的分数事先确定后，再由专家打分评价。 评分内容分为六项，每项 20 分，每项又分为 2 个分项，每个分项 10 分
李和平（建筑规划领域），2012	专家评分法	定性与定量方法相结合。 首先定性选取工业遗产的价值评价指标。再经专家学者定性选出各指标的权重值。将指标细化为二级指标，二级指标分为四个等级，按照一级指标的权重分值分配四个等级的分数
许东风（建筑规划领域），2012	层次分析法	定性与定量方法相结合。 首先定性选取评价指标，分为四个层次。其次利用层次分析法确定指标的权重，根据权重确定指标的分值
刘凤凌（建筑规划领域），2012	层次分析法	定性与定量方法相结合。 首先定性选取工业遗产价值评价指标。其次利用层次分析法发放问卷，确定指标权重
金姗姗（建筑规划领域），2012	层次分析法	定性与定量方法相结合。 首先定性选取评价指标，分为三个层次。其次利用层次分析法确定指标权重

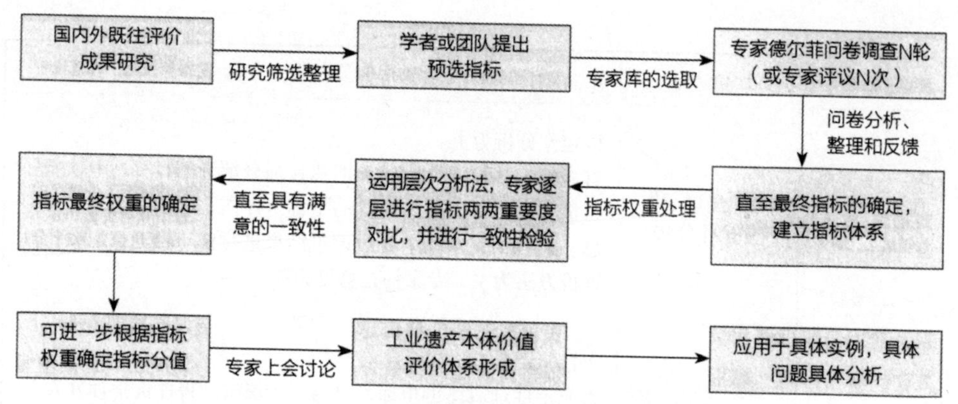

图 2-2-2 工业遗产价值评价方法与流程设计

总的来说，工业遗产价值评价过程如下：

①确定评价主体和评价客体：工业遗产价值的评价主体是使用者、业主、大众和城市管理者，工业遗产价值的评价客体是待保护利用的工业遗产。

②归纳整理相关数据，对该遗产的独特性、稀缺性、可利用性等特征进行描述，对其基础性价值和功利性价值进行阐述。

③对各价值指标按照一定的评价标准进行量化，进行工业遗产价值评价与分析。

④初期评价结果向专家、业主、城市管理者、大众公布，征求意见。

⑤获取评价结果反馈结果，进行反复论证，重新整合分析价值评价。

⑥确定工业遗产保护利用的具体策略。

（三）注意评价活动的心理运作过程

评价活动的心理运作过程是：确立评价的目的和评价的参考系，统一获取评价信息，形成价值判断。在工业遗产价值评价的过程中，需要考虑以下几个重点：一是确立以价值为导向的评价方法学，通过建构“价值认定、价值评价、价值实现”，将其贯穿到工业遗产保护与利用的全过程，最终将价值评价的结果引入国家和地方层面的工业遗产保护与利用的决策机制。二是工业遗产保护与利用是一个长期、动态的过程，在关注其基础价值的同时，要体现出工业遗产在城市发展中的功利价值。三是要重视大众的参与，城市工业遗产是市民共同的物质和精神财富，价值评价工作不仅需要业内专家的专业视角，更需要市民的关注和参与。

（四）国家工业遗产评估实践

工业遗产是工业文化的重要载体。各地工业和信息化主管部门要高度重视工业遗产保护利用工作。为制造强国建设提供有力支撑，2017 年工信部推出的第一批国家工业遗产名单，如表 2-2-6 所示。

表 2-2-6　2017 年工信部推出的第一批国家工业遗产名单

序号	名称	地址	核心物项
1	张裕酿酒公司	山东省烟台市芝罘区	地下酒窖、“张裕酿酒公司”老门头、“张裕路”石牌及张裕地界石、1892 俱乐部（张弼士故居）及张裕金库、亚洲桶王及清代进口橡木桶、板框过滤机、蒸馏器、金星高月白兰地葡萄酒、1912 年孙中山“品重醴泉”题词、1915 年巴拿马万国博览会奖牌、1937 年解百纳注册证书
2	钢铁厂	辽宁省鞍山市铁西区	昭和制钢所运输系统办公楼、井井寮旧址、昭和制钢所迎宾馆、昭和制钢所研究所、昭和制钢所本社事务所、烧结厂办公楼、东山宾馆建筑群（主楼、1 号楼、2 号楼、3 号楼、贵宾楼）、北部备煤作业区门型吊车、建设者（XK51）机车车头、昭和制钢所 1 号高炉、老式石灰竖窑、2300mm 三辐劳特式轧机、401 号电力机车、1150 轧机、1100 轧机、鞍钢宪法
3	旅顺船坞	辽宁省大连市旅顺口区	船坞、木作坊、吊运库房、船坞局、电报局、泵房、坞闸 1 部、台钳 3 部
4	景德镇国营宇宙瓷厂	江西省景德镇市珠山区	锯齿形、人字形、坡字形老厂房，陶瓷生产原料车间、成型车间、烧炼车间、彩绘车间、选瓷包装车间，四代窑炉遗址，20 世纪 50—80 年代陶瓷成型作业线、陶瓷生产工具及相关历史档案资料
5	西华山钨矿	江西省赣州市大余县	矿选厂、机械厂工业建筑群，主平窿，苏联专家办公及居住场所，勘探原始资料，全套苏联俄语版采选设计文本、图件
6	本溪湖煤铁公司	辽宁省本溪市溪湖区	本钢 1 号高炉、洗煤厂、2 号黑田式焦炉、铁路机务段与编组站、本钢第二发电厂冷却塔、洗煤车间、煤铁公司事务所（小红楼）、煤铁公司旧址（大白楼）、中央大斜井、彩屯煤矿竖井、东方红火车头、EL 型电力机车及敞车
7	宝鸡申新纱厂	陕西省宝鸡市金台区	窑洞车间、薄壳工厂、申福新办公室、乐农别墅、1921 年织布机、20 世纪 40 年代电影放映机
8	温州矾矿	浙江省温州市苍南县	鸡笼山矿硐群、南洋 312 平硐、1 号结晶池、福德湾村矿工街巷

续表

序号	名称	地址	核心物项
9	菱湖丝厂	浙江省湖州市南浔区	码头、蚕茧仓库、50 吨水塔及配套水池、烟囱、锅炉房、立缫机 2 台、复整车间厂房、复摇机 8 组、黑板机 2 台、灯光检验设备、宿舍 3 栋、招待所、医务所、广播室、大礼堂、园林景观、徐家花园及厂志
10	重钢型钢厂	重庆市大渡口区	钢铁厂迁建委员会生产车间旧址、双缸卧式蒸汽机、蒸汽火车头 2 台及铁轨、烟囱 3 处、饨床、压直机、刮头机、相关档案资料
11	汉冶萍公司（汉阳铁厂）	湖北省武汉市汉阳区	矿砂码头、高炉凝铁、汉阳铁厂造钢轨、1894 年铸铁纪念碑、汉阳铁厂造砖瓦、卢森堡赠送相关资料、转炉车间、电炉分厂冶炼车间、电炉分厂维修备品间、水塔、钢梁桁架、铁路和机车、烟囱及管道设施
12	汉冶萍公司（大冶铁厂）	湖北省黄石市西塞山区	1921 年冶炼高炉残基、瞭望塔、水塔、高炉栈桥、日式建筑 4 栋、欧式建筑 1 栋、钢轨
13	汉冶萍公司（安源煤矿）	江西省萍乡市安源区	总平巷、盛公祠（萍矿总局旧址）、安源公务总汇（谈判大楼）、株萍铁路萍安段、萍乡煤矿工程全图、萍乡煤矿机土各矿周围界限图

国家工业遗产名单申报的方法是自下而上的，由地方经济和信息化委员会发出通知，由企业自己申报。评选方式主要是专家评选，得分高者入选。第一批国家工业遗产在正式评选之前，工信部举办了准备会议，就评选标准、方法和专家进行了商讨，并且新办了一个内部杂志，登载一些国内最新的工业遗产研究成果，把近十年中国工业遗产研究的成果直接和国家工业遗产的评选相关联，提高国家工业遗产的学术性。工信部编制了一个标准，这个标准包括五个一级指标，分别给予权重，征集了全国 8 个省的 41 个案例，遴选专家 19 名，在全封闭的状态下进行评选，最后评选出 11 个国家工业遗产。

第二次国家工业遗产的推进是在 2018 年 4 月，该次国家工业遗产的申报工作更有经验，4 月 8 日，工信部工业文化发展中心公开发表《工业和信息化部办公厅关于开展第二批国家工业遗产认定申报工作的通知》（简称《通知》）（工信厅产业函〔2018〕108 号）。《通知》明确了国家工业遗产评选的内容：

“各省、自治区、直辖市及计划单列市、新疆生产建设兵团工业和信息化主管部门，有关中央企业：工业遗产是工业文化的重要载体，记录了我国工业发展不同阶段的重要信息，见证了国家和工业发展的历史进程。按照《关于推进工业文化发展的指导意见》（工信部联产业〔2016〕446号）部署，我部于2017年组织开展了首批国家工业遗产认定试点工作，对加强工业遗产保护利用，传承中国工业精神，弘扬优秀工业文化发挥了积极作用。为进一步推动相关工作，现决定开展第二批国家工业遗产认定申报工作。”

首先明确了申报范围和条件：“国家工业遗产申报范围主要包括：1980年前建成的厂房、车间、矿区等生产和储运设施，以及其他与工业相关的社会活动场所。”

申请国家工业遗产须工业特色鲜明、工业文化价值突出、遗产主体保存状况良好、产权关系明晰，并具备以下条件：“（一）在中国历史或行业历史上有标志性意义，见证了本行业在世界或中国的发端、对中国历史或世界历史有重要影响、与中国社会变革或重要历史事件及人物密切相关，具有较高的历史价值；（二）具有代表性的工业生产技术重大变革，反映某行业、地域或某个历史时期的技术创新、技术突破，对后续科技发展产生重要影响，具有较高的科技价值；（三）具备丰厚的工业文化内涵，对当时社会经济和人文发展有较强的影响力，反映了同时期社会风貌，在大众中拥有强烈的认同和归属感，具有较高的社会价值；（四）规划、设计、工程代表特定历史时期或地域的工业风貌，对工业后续发展产生重要影响，具有较高的艺术价值；（五）具备良好的保护和利用工作基础。”因此也包括了古代手工业遗产。

通知明确了申报程序：“（一）按属地原则申报国家工业遗产。遗产所有权人为申报主体，填写《国家工业遗产申请书》（见附件），通过当地县级或市级工业和信息化主管部门，报同级人民政府同意后，向各省、自治区、直辖市及计划单列市、新疆生产建设兵团工业和信息化主管部门（简称“省级主管部门”）提出申请。有关中央企业直接向集团公司总部提出申请。（二）省级主管部门、有关中央企业集团公司总部负责组织对申请材料进行审查，明确推荐顺序，择优确定推荐名单，向工业和信息化部推荐。（三）各省、自治区、直辖市推荐数量不超过5项，计划单列市、新疆生产建设兵团、有关中央企业推荐数量不超过2项。”

通知提出了有关要求：“（一）开展国家工业遗产认定工作，要以传承工业文化、保护利用工业遗产为核心，坚持保护传承、科学利用、因类施策、可持续发展的原则，在做好有效保护的前提下，通过不断发掘工业遗产蕴含的丰富价值，探索保护利用新模式，进一步传承和发扬中国特色工业文化，为制造强国建设提供有力支撑。（二）各地工业和信息化主管部门、有关中央企业要加强组织领导，深入挖掘工业遗产资源，积极组织相关遗产所有权人认真开展申报工作；要严格审查遴选，切实将一批代表性强、保护利用价值高的优秀项目推荐上来。（三）请于2018年6月16日前将推荐文件和申报材料（纸质版一式三份，电子版光盘一份）报工业和信息化部（产业政策司）。”

第二批国家工业遗产申请名单包括118项候选遗产，比第一次的41项多了近2倍，反映出各地积极申报的倾向。评选的价值框架为历史价值、科技价值、社会文化价值、艺术价值、保护利用基础。这个框架也反映了近十年有关工业遗产文化资本评估的相对稳定。“社会文化价值”是在前述有关工业遗产价值框架中多数学者基本认可的，而且是《中国文物古迹保护准则》（2015年）补充的部分。关于“保护利用基础”一项更接近于英国的物证价值，在我国，物证价值一直不被重视。工业遗产不像古代木结构遗产，木结构难以持久因而有时不易判断，工业遗产的物证价值应得到强调。“经济价值”曾在第一次讨论会上提出过，最后经过专家提议在正式的评审环节删除了。

第二批国家工业遗产的评选使用了指标分级的方法。一级指标是历史价值、科技价值、社会文化价值、艺术价值、保护利用基础。一级指标下设11个评审内容（二级指标），分别为：①历史地位（开创性或标志性意义）；②与重要历史事件及人物的相关性；③年代；④技术地位（在技术变革、演进过程中的地位）；⑤科技影响（从技术、工艺、产品角度评价）；⑥工业精神；⑦社会认同和情感记忆；⑧管理制度和模式；⑨工业风貌；⑩真实性和完整性；⑪ 保护利用。其中“工业精神”“社会认同和情感记忆”“管理制度和模式”这三个指标是在“社会文化价值”一级指标下的，属于国家工业遗产对象的社会文化价值。

第二批国家工业遗产的评选使用了指标赋权重的方法。历史价值占20分权重，科技价值占20分权重，社会文化价值占25分权重，艺术价值占10分权重，保护利用基础占25分权重。二级指标：①历史地位（开创性或标志性意义）10%；②与重要历史事件及人物的相关性占5%；③年代占5%；④技术地位（在技术变革、演进过程中的地位）占10%；⑤科技影响（从技术、工艺、产品角度评价）占10%；⑥工业精神占12%；⑦社会认同和情感记忆占8%；⑧管理制度和模式占5%；⑨工业风貌占10%；⑩真实性和完整性占15%；⑪ 保护利用占10%。三级指标没有再设置权重。这个权重值是一种主观评价，也是目前评审的比较常用的办法。专家对于这个框架并没有特别的异议，反映了当前中国对于评审方法的共识。

另外，第二批国家工业遗产的评选也面临了分类的问题，不同的遗产选择不同的专家参加评选。第一组是原材料类，第二组是装配机械类，第三组是食品类，第四组是综合、陶、纺织、能源类。第二批国家工业遗产评审根据申请的遗产分类评选，说明工业遗产的分类是评估之前必须要解决的问题。在评审中专家提出了如下问题：①古代遗产和近代遗产的评审标准问题；②综合类中把前三组不能囊括的遗产全部包括进来，并未很好地解决分类问题；③命名混乱的问题；④权属和遗产完整性的问题。上述问题也是工业遗产研究一直探讨的问题，关于这些问题，课题组有以下思考：

第一，在第二次国家工业遗产的评审中，第一组到第三组的分类基本上较为清楚，但是第四组的分类问题比较多。首先工业主要是指原料采集与产品加工制造的产业或工程。工业是社会分工发展的产物，经过手工业、机器大工业、现代工业几个发展阶段。把手工业和机器大工业甚至现代工业放在一起评估不妥。例如纸、墨、笔、砚本来是一个完整的传统艺术，极有可能都被评为国家工业遗产，但是如果和机器大工业遗产一起大排队就可能落选。英国的做法是将古代遗产和近代遗产分开评估。笔者认为应该有所区别，如果遗产包括了古代手工业和近代机器大工业时代甚至现代时代的遗产，那么应该分别评估后再进行综合评估。例如，纸、墨、笔、砚基本是手工业时代的产物，应该放到古代遗产分类中评估。制丝业有手工业和近代大机器生产部分，那么应该分别评估后再综合评估。这种分类会影响到最后的结果。

第二，机器大工业遗产本身的分类问题也比较突出，可以将机器生产时代的工业遗产分类评估。工业遗产按照工业时代分为手工业时代遗产、机器大工业时代遗产、现代工业时代遗产。为了便于研究和正确规定两大部类的比例关系，把工业分为重工业和轻工业。重工业主要是生产生产资料的部门，轻工业主要是生产消费资料的部门。为了研究原料生产和对原料进行加工的各工业部门的发展速度与比例关系，工业部门还可以分为采掘工业和加工工业。和英国比较，英国将工业建（构）筑物分为原料开采（如煤矿业、金属矿业、采石业等）、加工与制造（如造纸业、纺织业、食品加工业等）、储存与分发（如仓库、中转仓库及堆场）三大类。结合中国的情况可以考虑将机器大工业遗产分为：采矿（包括煤矿业、金属矿业、采石业等）；制造（纺织业、化工业、机器及金属制品、建筑材料业、饮食品工业、日用品工业和印刷业）；运输通信（包括铁路、公路遗产）；基础设施（下水道、自来水管等）；仓储（如仓库、中转仓库及堆场）；水利（水坝、电站）。今后评审时可以对同一类遗产进行并置比较，上述每一类遗产中的环境、建筑、设备、产品及非物质遗产等都需要仔细考虑。

第三，关于命名混乱的问题，需要在征集申请文件时就加以说明。

第四，因为国家工业遗产是按照权属申报，因此同一类的遗产有可能因为权属不一重复申报。例如，秦皇岛港工业遗迹群和港口近代建筑群（开滦矿务局秦皇岛电厂）就是例子，像这样的遗产需要由两个单位协商共同申报管理，综合考虑，当然这或许也会带来一些问题。

工息部不仅推动了全国性工业遗产的评选评级，而且开辟了一项较新的制度，就是在中国尝试登录制。遗产登录制在英国较早出现，日本在 20 世纪 90 年代引进，目的是全方位地保护遗产，目前已经列入保护法体系。在中国一直采取的是指定制，由政府部门直接指定，中国的文物保护法目前也只有指定制。工息部的思考方式是考虑到未来的管理由产权部门自己负责，并且有可能获得一些支持。可以认为这是第一次和产权挂钩，多元解决经费来源的过渡。但是是否可以顺利实现政府和企业共同承担保护责任这种“两条腿走路”的策略还要拭目以待。

第三章　中国工业遗产保护策略研究

本章对于中国工业遗产保护策略进行了研究，主要对于我国工业遗产保护情况、工业遗产保护意义以及工业遗产保护规划设计进行了分析，旨在促使读者更好地了解遗产保护情况，认识到遗产保护的重要性。

第一节　我国工业遗产保护情况

工业遗产保护规划和管理主体基本一致，是沿两条线发展的：一条是受到世界遗产申报的影响产生的文物保护规划及申请世界遗产规划；另一条是住建部门主管的城市专项、历史风貌区、历史建筑、一般工业遗产保护规划体系，以编制要求来看，城市专项属于中国工业遗产保护规划发展过程中的创新，没有编制要求。

城市层面工业遗产偏向总体规划，文物根据规模以单元为主，编制深度能够与控制性详细规划（简称“控规”）对接（就提出的控制指标而言），历史建筑保护规划则是达到了详细规划或建设项目管理的深度。

工业遗产保护规划的出现正好是中国文化遗产保护规划发展开始多样化的阶段。自 2004 年《全国重点文物保护单位保护规划》、2005 年《历史文化名城保护规划》这两个重要的规划体系规范化后，2012 年住房和城乡建设部、国家文物局颁布《历史文化名城名镇名村保护规划编制要求（试行）》，2013 年住房和城乡建设部印发《传统村落保护发展规划编制基本要求（试行）》，2015 年国家文物局印发《大遗址保护规划规范》《长城保护规划编制指导意见（征求意见稿）》，2017 年国家文物局印发《全国重点文物保护单位保护规划编制要求（修订草案）》。从保护规划的发展历程上可以看出中国文化遗产保护规划越来越精细化，并开始了不同类型文化遗产保护规划编制的研究工作。

一、不同保护规划类型发展概况

（一）不同城市的保护情况

就各城市规划局官网公示和各地访谈考察可知，中国已经开展城市层面工业遗产保护规划编制的城市共有 13 个，包括天津、上海、北京、杭州、济南、南京、武汉、重庆、常州、无锡、铜陵、江门、黄石。

1. 北京

北京长期以来都是一座以消费为主的城市，近代工业基础较为薄弱。北京工业遗产与上海、南京、天津、武汉、沈阳等中国早期近代工业的重要城市相比数量不多，加之前期由于保护意识薄弱，大量有价值的工业建构筑物和设施设备被拆除，导致留存下来的北京近代工业建筑遗存不多。北京现代工业遗产丰富，主要资源有第一个五年计划期间由苏联援建的五项重点工程——北京热电厂、国营 738 厂和国营 744 厂、国营 768 厂和国营 211 厂以及东郊的北京第一棉纺织厂、北京第二棉纺织厂、北京第三棉纺织厂，第二个五年计划期间诞生的北京炼焦化学厂（简称“北京焦化厂”）、北京石油化工总厂（现燕山石化）、北京重型电机厂、北京第二通用机械厂（现首钢通用机械厂）等。

大部分的北京工业遗产都是中华人民共和国成立以后建设的，历史文化价值并不突出，但是因其建筑规模大、工程复杂，具有独特的工业风貌特征，经济利用价值较高。1992 年年初，东安集团就将手表二厂原厂房改造成双安商场，这是中国工业建筑再利用较早的实例。目前北京工业遗产保护与利用的主要模式有三种：一是与文化创意相结合，二是打造工业遗址景观公园，三是打造工业遗产综合利用区。下面，我们以北京 798 艺术区、北京焦化厂、首都钢铁公司为例来谈谈北京工业遗产的保护。

北京 798 艺术区（图 3-1-1）位于朝阳区东北部酒仙桥原国营 718 厂大院内，建筑面积 23 万平方米。北京 798 艺术区是目前北京最知名的当代艺术区之一，是在“一五”期间由苏联援助，东德专家设计建造的老军工厂车间基础上，经艺术家以当代审美理念改造而成。空间最大限度地保留了原德国包豪斯设计风格的建筑结构。斑驳的红砖瓦墙，错落有致的工业厂房，纵横交错的管道，保留在墙壁上各个时代的标语，是工业化和改革开放的历史见证，历史与现实、工业与艺术在这里完美地嵌合在一起。园区因为具有有序的规划、便利的交通、风格独特的包豪斯建筑等多方面的优势，吸引了众多艺术机构及艺术家前来租用闲置厂房并进行改造，逐渐形成了集画廊、艺术工作室、文化公司、时尚店铺于一体的多元文化空间。

图 3–1–1　北京 798 艺术区

北京焦化厂（图 3-1-2）位于北京市东南部，工厂建于 1958 年，2006 年 7 月正式停产。厂区旧址土地及相关地上物被国土部门收购、纳入政府土地储备，拆除工作的暂缓为工业遗产保护与利用赢得了宝贵的时机。2008 年北京规划委组织了“北京焦化厂工业遗址保护与开发利用规划方案征集”，通过全面的调查评价对现存的工业遗迹、历史文化、生产工艺等进行整理后，将厂区旧址用地划分为工业遗产核心保护区、风貌协调区和外围开发建设区 3 类区域。生产区错落的厂房、高耸的烟筒、林立的水塔、火光通明的炼焦炉，煤化工工业特色显著，富有特色的构筑物及设施较为集中，运输铁路、皮带运输通廊和架空的管线设施遍布全厂区，将整个厂区空间及生产流程串接起来，具有较强的系统性和整体性。因此，规划方案将工业遗迹最为集中和典型的 T 字形区域规划为工业遗址公园，该区域占地面积约 50 平方千米，占厂区总用地的 37%；通过主要的生产工艺流程将这些建构筑物串接起来，展示焦煤的生产工艺和产业特色。

图 3–1–2　北京焦化厂

首都钢铁公司（图 3-1-3）体现了工业遗产的综合利用。1919 年龙烟铁矿公司筹建，中华人民共和国成立之后，在龙烟铁矿公司基础上成立的石景山钢铁厂成为北京市第一个国营的钢铁企业，1966 年更名为首都钢铁公司，1978 年成为中国十大钢铁企业之一。2005 年国务院批复了首钢搬迁调整规划。首钢作为北京最具代表性的工业历史地段，首钢厂史展览馆及碉堡、首钢厂办公楼入选北京优秀近现代建筑保护名录（第一批）。2009 年北京市规划委组织了“首钢工业区改造启动区城市规划设计方案征集”，除已经被认定的 3 处文物保护建筑外，通过调研评估确定保留建构筑物 81 项；同时保留了集中在厂区的中部，从西北向东南的时空分布的带状区域，打造具有较高景观价值的“工业遗产综合利用区”。这一区域成为串联整个首钢工业区的结构骨架，将建设成展示历史的轴线、交通组织的动脉生态绿化的氧吧和观光游览的画廊。以“工业遗产综合利用区”自西北向东南分别串联“工业主题公园”“文化创业产业区”“行政中心区”“城市公共中心区”“旅游休闲区”“总部经济区”“综合配套区”。七个片区彼此相对独立又经由工业遗产综合利用区的统领形成互相联系的整体。

图 3-1-3　首都钢铁公司

2. 南京

南京市工业遗产保护规划于 2017 年公示于南京市规划局官网，确定了 6 处历史地段、6 处历史风貌区、28 处一般历史地段和 40 处工业遗产。（如图 3-1-4 所示）

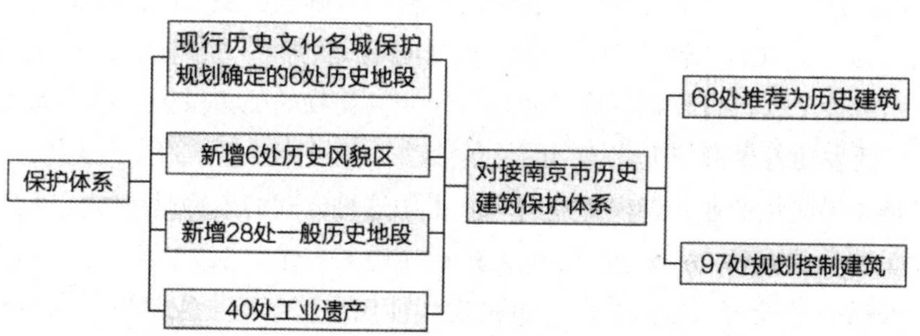

图 3-1-4　南京市工业遗产保护体系

3. 无锡

无锡市工业遗产保护规划并未公示，根据无锡市规划局官网信息和访谈可知，市政府在保护规划的基础上公布了两批工业遗产名录，第一批 20 处，第二批 14 处。根据搜集到的保护规划文本可知，保护规划构建了风貌区、风貌带、工业地块、保护点四个层级的保护体系。（如图 3-1-5 所示）

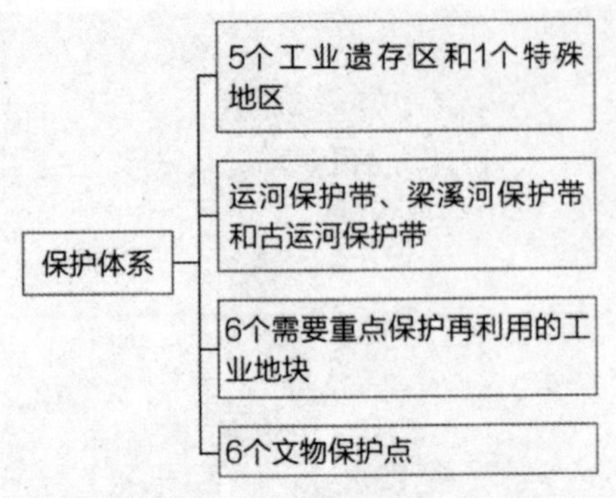

图 3-1-5　无锡市工业遗产保护体系

无锡北倚长江，南濒太湖，京杭大运河穿城而过，是一座具有三千多年文字记载史的江南名城，是中国近代民族工商业的发祥地。无锡近代民族工商业之所以发展迅速，得益于便利的水运渠道。

无锡工业遗产保护与利用的主要方式有三种：

一是功能转换为博物馆、展览馆，即利用原厂房修建博物馆，对工业文物进行收藏保护。对旧厂房、旧仓库、旧码头等工业遗产，无锡利用其自身的特点加以合理利用，其中一个很重要的途径是修建博物馆，对工业文物进行收藏保护。中国民族工商业博物馆于 2007 年正式对外开放，博物馆以荣宗敬、荣德生兄弟开创的茂新面粉厂老建筑为基础，在恢复原貌的基础上，展陈设计定位为工商互动、以工为主、以商为辅的特征。除了官方修建博物馆，无锡还鼓励工业组织、民间组织或者个人进行收藏。为了做好百年工商文物的征集保护工作，无锡在全社会中广泛发动各界参与工业遗产的征集活动，得到社会各界的大力支持。

二是发展文化产业，置换工业遗产。采用这种方式的典型是中国蚕丝公司无锡仓库（北仓门仓库）。该仓库位于无锡运河边上，建于 1938 年，是当时江苏、浙江、安徽一带最大的蚕丝仓库，也是近代江南地区工商业发展的代表性建筑。如今这里已经“旧貌换新颜”，变换成无锡城里一个颇有名气的“生活艺术中心”。经过保护性修复改造后，古今结合为这座古老的建筑注入了鲜活的血液。文化产业依托工业遗址，不但保护利用了工业遗产，而且在无形中做了很好的宣传，丰富了市民的业余生活，带来了良好的经济效益和社会效益。

三是置换厂房，社区化转型利用，结合社区改造引领区域复兴。振新纱厂是无锡近代史上第二家大型棉纺企业，申新纺织三厂是荣氏企业集团在无锡的最大棉纺厂。2008 年结合周边社区改造打造多元城市结构社区，工业遗产改造与住宅区建设同步进行。“西水东”民族工业文化街区于 2013 年开街，街区以美食餐饮、养生美容、教育培训等休闲教育生活配套业态为主。位于住区入口附近的工业遗产场所和建筑特征得以保留，使其成为有别于其他商业步行街的特色，是工业遗产社区化转型的一个成功尝试。此外无锡对非物质形态的工业遗产保护也是一大亮点，抢救性地对无锡工业遗产档案进行整理、研究、编撰、出版，利用现代技术手段将采集信息与提供利用相结合，形成了以照片、声像资料为特色的档案馆藏，出版了《无锡唐氏家族创业史料》《近代无锡同业公会史料选编》等一大批书籍。

无锡工业遗产保护利用对彰显城市特色、弘扬地域文化起着重要作用。2008 年以后，无锡工业遗产保护与利用发生了转变，将具有遗产价值的厂房仓库结合社区改造，通过形象和功能的双重活化引领城市更新，使工商名城的文化特色得以充分展现，对彰显城市特色和弘扬地方文化起到了无可替代的作用。

4. 天津

天津市保护规划成果公示于天津市规划局官网，分 4 个层次确定了 97 处工业遗产（表 3-1-1）。保护体系（图 3-1-6）包括整体层面、建筑层面、元素层面。

表 3–1–1　天津工业遗产保护层次

名录	数量
一级工业遗产	14 处
二级工业遗产	17 处
三级工业遗产	6 处
与工艺生产间接相关的工业遗产	60 处

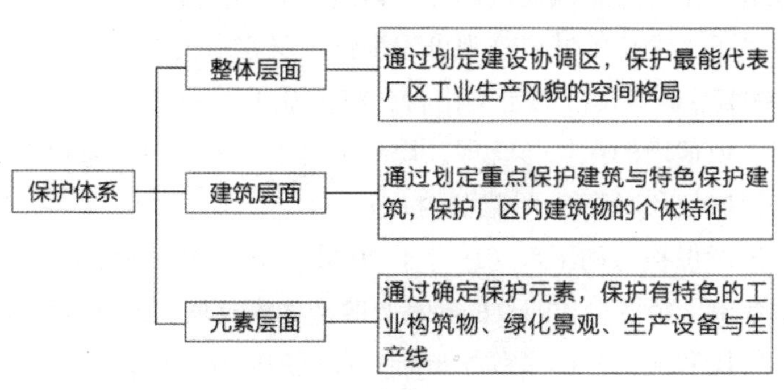

图 3–1–6　天津市工业遗产保护体系

5. 武汉

武汉市工业遗产保护规划于 2013 年由市政府批准同意实施，是目前唯一由政府公布的保护规划。该规划调查了 95 处工业遗存，明确将 27 处作为武汉市推荐工业遗产，其余 68 处建立详细档案。并且绘制了 27 处武汉市推荐工业遗产规划控制图则，达到了对接控规的深度；结合武汉市规划管理特点，全面对接规划管理“一张图”平台；结合遗产保护与利用，对全市控制性详细规划提出修改完善建议，将保护控制要求落实到实际规划管理中（图 3-1-7）。

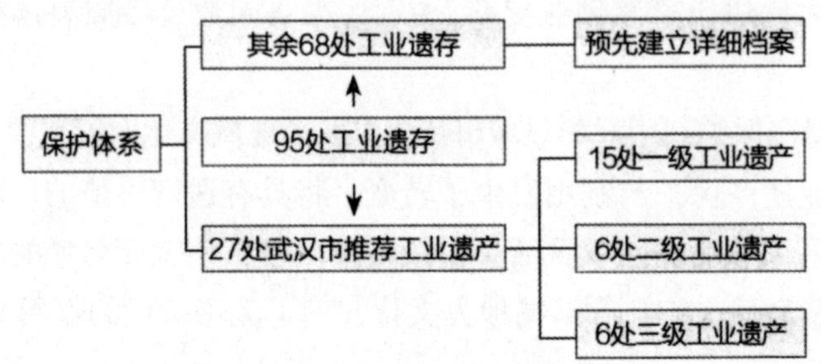

图 3–1–7　武汉市工业遗产保护体系

6. 上海

上海工业遗产保护利用研究体现了工业遗产与文化创意产业的完美结合。上海是我国近代工业的发祥地和全国重要工业城市，留存了数量巨大、类型丰富的工业遗产。20 世纪 80 年代后期，上海市人民政府意识到历史风貌区和历史建筑对塑造城市形象的重要性。1986 年，上海开始尝试建立历史建筑的保护机制，1991 年出台的《上海市优秀近代建筑保护管理办法》、2002 年出台的《上海市历史文化风貌区和优秀历史建筑保护条例》、2004 年出台的《关于进一步加强历史文化风貌区和优秀历史建筑保护的通知》等几个文化和法规条例，在城市发展快速期，有效地遏制了对历史风貌区和优秀建筑的大拆大建。对历史风貌区的有效保护，不仅提高了上海市的城市景观可识别性，又在市民中获得了高度的文化认同。特别是 2004 年系列文件的密集出台，将工业遗产建筑纳入历史建筑保护范畴，加强了对工业遗产的保护与管理，规范了对工业遗产保护与利用的措施，使上海工业遗产保护与利用获得了宝贵的机遇。

上海工业遗产保护与利用最初萌芽于 20 世纪 90 年代中期，一些具有区位优势的厂房被企业出于经济自救的目的转租，改造为家具城、建材市场或餐饮场所；到 20 世纪 90 年代后期，艺术家在苏州河一带租用废弃仓库作为创意工作室，发起参与创意工作室实践；从 20 世纪 90 年代末开始，散落的老旧厂房群落自发集聚起当代艺术家工作室；21 世纪初期，地方政府开始“顺势而为”，引导与鼓励企业既保留老建筑历史风貌，又为老厂房、老仓库注入新的产业元素，建成众多创意产业集聚区。如今，从苏州河到大杨浦，从泰康路到莫干山路，上海越来越多的老厂房经过创意改造，成为上海新的时尚地标。上海工业遗产保护主要有四种典型模式，如表 3-1-2 所示。

表 3–1–2　上海工业遗产保护主要模式

序号	模式	典型案例
1	文化创意园区模式	M50 创意园、8 号桥创意园区、同乐坊、田子坊创意园区、静安 800 秀创意园、红坊、1933 老杨坊、德必易园
2	城市景观游憩空间模式	老白渡滨江绿地
3	公益性文化设施模式	上海世博园
4	时尚文化商业模式	上海国际时尚中心

首先，文化创意园区是上海工业遗产保护与利用最为广泛的模式。泰康路上的弄堂工厂厂房内，进驻了 10 多个国家和地区的近百家视觉创意设计机构，成为上海最大的视觉创意设计基地，形成了一定的视觉创意设计产业规模。这不仅带来了当今国际最新的视觉创意设计理念，而且还吸纳了上海本地的设计师，为上海培养了不少设计后备人才，使泰康路成为上海视觉创意设计人才的“孵化器”。长宁德必易园是“德必易园”系列的第一个文化创意产业园区（图 3-1-8），是上海多媒体产业园分园，原建筑为上海航天局第 809 研究所，园区吸引了中国最大的城市生活消费指南网站“大众点评网”、世界 500 强企业拉加代尔等一批国际知名企业入驻。

图 3–1–8　长宁德必易园

其次是城市景观游憩空间模式。老白渡滨江绿地由原上海港煤炭装卸公司的老白渡码头和上海第二十七棉纺厂的江边地域改建而成。绿地保留了系缆桩、高架运煤廊道、煤仓、烟囱等码头遗迹和工业文化元素，将工业景观协调融入周边的绿地环境。滨江绿地集休闲、游憩、办公、商业等文化功能于一体，给城市居民提供了新的休闲空间。

再次是公益性文化设施模式。为实现对具有历史风貌的老厂房和优秀建筑的保护和再利用，江南造船厂、求新造船厂、南市发电厂等一批工业遗产被上海世博会用于展馆、管理办公楼、临江餐馆、博物馆等，200 万平方米的总建筑面积中，由老建筑改建的就达到 25 万平方米。老建筑改造利用不仅大幅度降低了建设费用，也完成了从工业厂房到博览业之间的转换，一举打破 150 年来历届世博会上全部使用新场馆的老模式。这些工业遗产作为场馆建设的重要组成部分，在世博会结束后作为博物馆和展览馆，永久性保留和对外开放。

最后是时尚文化商业模式。由上海第十七棉纺织总厂改造的上海国际时尚中心，跨界融合了国际名品和休闲、娱乐等多种业态，集创意文化及现代服务经济于一体。清水红砖式的外墙建筑，既保留了 20 世纪 20 年代老上海工业文明的历史韵味，又融入了当代时尚的审美元素。国际时尚中心拥有时尚多功能秀场、时尚接待会所、时尚创意办公、时尚精品仓、时尚公寓酒店和时尚餐饮娱乐等六大功能区域。中心承办了顶级品牌发布展会、国际经典收藏车展等重大会展活动，成为上海乃至中国与国际时尚业界互动对接的地标性载体和营运承载基地。

可以说上海是我国文化创意业发展最早最快的城市，作为一座具有百年工业发展历史的城市，上海拥有大量的老厂房、老仓库。在多维要素共同作用下，工业遗产与文化创意产业相结合，形成了上海特色的文化创意产业集聚区，产业园的耦合与共生效应在上海成为一种典型现象。以利用工业历史建筑为切入点，将保护和开发融入创意产业发展。文化创意产业成为推动上海产业升级和城市功能转型的“头脑加速器”，而藏身于工业建筑和旧式里弄的创意产业集聚区，也成为上海商业地产新形态。

上海市创意产业的快速发展得益于城市文化底蕴深厚、经济发达、人才集聚、基础设施完善、政策扶持等优势，而工业遗产在创意产业园区构建中则起到了重要的空间承载作用。上海市工业遗产综合信息数据库显示，工业遗产再利用为创意产业园的典型案例样本有 44 个。截至 2016 年年底，上海市文化创意产业增加值为 3674.31 亿元，占 GDP 比重 13.38%。上海市以“工厂改型 + 园区聚集”的发展模式，集聚了十多万文化创意产业从业人员，形成了“一轴、两河、多圈”

的空间布局，文化创意产业表现出高度的空间聚集化。

（二）文物保护类型的遗产

自全国重点文物保护单位中工业遗产保护规划得到重视后，中国地方政府以文物部门为主导开始编制文物保护规划。除全国重点文物保护单位、省级文物保护单位多要求编制保护规划外，其他低级别文物保护单位一般不编制保护规划，而是直接编制工程方案，这和地方财政扶持及文物法规政策引导有关。（如表3-1-3 所示）

表 3–1–3　地方文物保护单位中工业遗产保护规划案例表

河南	二七纪念堂文物保护规划（2016 年）、红旗渠文物保护规划（2016 年）、河南省塑料机械股份有限公司旧址保护规划（2015 年）、郑州国棉三厂文物保护规划（2014 年）
上海	上海江南造船厂文物保护规划（2007 年）
山西	山西省晋中市晋华纺织厂旧址文物保护规划（2014 年）
天津	北洋水师大沽船坞保护规划（2009 年开始保护规划,2013 年晋升为国保后修订保护规划）

依据国家文物局关于保护规划的批复文件，截至 2016 年 9 月全国文物保护单位中的 84 处工业遗产中，共有 32 处启动了保护规划工作。（如表 3-1-4 所示）

表 3–1–4　国保单位中启动保护规划工作统计表

保护规划通过共 8 处	保护规划意见（修改）共 7 处	保护规划立项通过（在编）共 15 处
侵华日军东北要塞 / 第六批 侵华日军第七三一部队旧址 / 第六批 兴国革命旧址 / 第六批 红旗渠 / 第六批 汉冶萍煤铁厂矿旧址 / 第六批	正丰矿工业建筑群 / 第七批 长春电影制片厂早期建筑 / 第七批 西炮台遗址 / 第六批 金陵兵工厂旧址 / 第七批 郑州二七罢工纪念塔和纪念堂 / 第六批	北洋水师大沽船坞遗址 / 第七批 秦皇岛港口近代建筑群 / 第七批 本溪湖工业遗产群 / 第七批 辽源矿工墓 / 第七批 福建船政建筑 / 第五批 美孚洋行旧址 / 第六批 总平巷矿井口 / 第七批 淄博矿业集团德日建筑群 / 第七批 坊子德日建筑群 / 第七批 厂窖惨案遗址 / 第七批
石龙坝水电站 / 第六批 鸭绿江断桥 / 第六批 洛阳西工兵营 / 第七批	华新水泥厂旧址 / 第七批 坎儿井地下水利工程 / 第六批	三灶岛侵华日军罪行遗迹 / 第七批 吉成井盐作坊遗址 / 第七批 东源井古盐场 / 第七批 碧色寨车站 / 第七批 红山核武器试爆指挥中心旧址 / 第七批

（三）申请世界遗产的工业遗产

因工业遗产的标准认知差异，目前中国申请世界遗产的工业遗产除了都江堰外，还没有成功申请为世界遗产的近现代工业遗产。在中国的申遗预备名单中有黄石矿冶工业遗产群，其他还有坎儿井、侵华日军第七三一部队旧址等并没有被明确认定为工业遗产的物象。黄石矿冶工业遗产属“古代＋近现代”工业遗产的复合型，坎儿井（水利工程）和侵华日军第七三一部队旧址（细菌蛋壳厂为工业遗产内容）为构成内容与工业遗产相关。目前这几处均已启动或者完成了管理规划的编制。从国家文物局公布的信息看，坎儿井文物保护规划编制工作在2010年就已经启动了，2013年批复了《关于坎儿井地下水利工程总体保护规划的意见》，而2013年黄石矿冶工业遗产和2016年侵华日军第七三一部队旧址的全国重点文物保护单位保护规划也已编制完成，并通过国家文物局审查。表明中国工业遗产申请世界文化遗产的管理规划和文物保护规划基本是在申遗周期内完成的。

二、国内工业遗产保护与利用启示

目前国内工业遗产再利用主要模式主要有主题博物馆与会展模式、工业遗产旅游模式、公共休闲与主题景观公园模式、创意产业聚集区。

第一，主题博物馆模式是以博物馆的形式对工业遗址进行原址原状保护及博物馆陈列展示。这类博物馆可以分为传统工业博物馆和遗址性工业博物馆两类。国内大多数的工业遗产博物馆是对工业遗产进行原址保存，少数也会对其进行分解、移动建筑或改造构造进行异地保护。庆华军工遗址博物馆、黄崖洞兵工厂展览馆、安源路矿工人运动纪念馆、景德镇陶瓷工业遗产博物馆、胶济铁路博物馆都是打造较为成功的工业遗产博物馆。

第二，工业遗产旅游是工业遗产保护与利用的重要模式之一，工业遗产旅游是以工业企业为基础开发出来的新兴旅游产品，为资源枯竭型城市发展旅游业提供了更为广阔的前景。工业遗产旅游借助具有科研、科普、文化、教育、休闲和铸造民族精神等重要价值的工业遗产，使游客参与并感悟工业遗产的独特魅力。浙江省新昌达利丝绸世界旅游景区、湖南省株洲市醴陵瓷谷、贵州省仁怀市“茅酒之源”旅游景区都是成功的典范。

第三，公共休闲与主题景观公园模式是在有效地保留原有的历史空间和环境的前提下，利用废弃的工厂、矿区，结合城市规划和社区建设的功能配套，加入现代文化元素，强调保护再生，通过转换、对比、镶嵌等多种方式重构，将工业遗址和工业建筑改建成社区公园、景观公园或大型文化活动场所，以满足人们消遣、求知、休闲、康体、娱乐等复合型需求。首钢工业遗址公园、北京东部工业遗址文化园区、民国首都电厂旧址公园、马尾船厂厂区及船政文化园区、中山岐江公园都是这种模式的代表性案例。

第四，创意产业聚集区是指工业遗产在保留原历史文化遗迹的前提下，经过适当的设计和改造，转化为激发创意灵感、吸引创意人才、集聚创意作品的创意产业园区，再引入具有创意设计类的文化公司来打造创意产业聚集地。这种模式既可为创意产业发展提供生产经营场所，也可以向大众展示工业遗产特色和优势。北京 798 艺术区、“丝联 166”创意产业园区、陶溪川文创街区、晨光 1865 创意园都是典型的创意产业集聚区。

（一）国内工业遗产保护与利用的成功经验

国内城市工业遗产保护与利用的成功经验主要表现为以下几方面：

一是以整体保护思路推进工业遗产。北京正在抓紧推进《北京市工业遗产专项规划及保护利用管理办法》的编制工作，江苏无锡已相继推出第一批、第二批工业遗产保护名录，目前《无锡市工业遗产保护专项规划》正在编制中，《杭州市区工业（建筑）遗产保护规划》已颁布实施。

二是通过法律法规对工业遗产进行保护。在此方面，一些地方的经验值得关注。无锡通过健全保护与利用工业遗产的法律法规，使得无锡对工业遗产的保护、规划和利用等各个方面都纳入了法制的轨道，从而使一大批优秀的近代建筑，特别是一批珍贵的民族工业遗产得以保存。2017 年 1 月 1 日《黄石市工业遗产保护条例》出台，使黄石的工业遗产得到了法律的保障。目前“中国最美工业旅游城市”已成为黄石新的城市名片，黄石跻身中国城市工业旅游竞争力排行前十强。

三是政府对保护工业遗产的重视。如无锡，为修建中国民族工商业博物馆，无锡市人民政府主动出面找企业商谈，出资近亿元对该厂的资产进行了置换，置换的资产不仅有厂房和办公楼，还包括车间内一条完整的生产流水线。再如上海，政府出面引导，工业遗产有了政策法规保护，使上海的工业遗产和创意产业相结合，在短短的几年内创意产业得以快速发展，2010 年，上海加入联合国教科文组织“创意城市网络”，被命名为“设计之都”。

四是鼓励全社会共同参与。从无锡市人民政府决定筹建民族工商业博物馆开始，一场声势浩大的文物征集工作也同时展开。一大批企业纷纷踊跃捐献机器、商标以及有价值的办公设备，掀起了一股无偿捐献文物的热潮。

五是建立与城市更新配套的政策。2014—2016年，上海市政府密集出台了盘活存量工业用地的新政策，明确采取区域整体转型、土地收储后出让和有条件零星开发等三类政策，为工业遗产转型提供了更好的政策保障。

（二）国内工业遗产保护与利用的不足

我国由于工业遗产保护与利用问题尚处于探索之中，在实践中存在诸多不尽如人意之处，这为今后的工业遗产保护与利用提供了一些应当引以为戒的教训。

首先是工业遗产利用模式较为单一。目前，中国一些城市对工业遗产的保护与利用模式主要为发展创意产业和改建博物馆，西方发达国家较为注重把工业遗产保护与利用纳入区域改造范畴进行统筹规划的战略性措施，更能体现利用价值和经济价值的集工作、休闲、娱乐、环境塑造等于一体的保护利用模式尚未引起足够重视。这些无疑为工业遗产的保护与利用提供了可资借鉴的经验和教训。

其次是对工业遗产必须加紧进行抢救性保护。随着各地进行产业结构调整以及城市建设进入高速发展时期，处在城市中心地段的老企业因搬迁、停产或改建等原因遗留下许多老建筑或老设备，其中有价值的工业建筑物和相关遗存由于尚未被界定为文物，或是由于法规的缺失和其他原因，正急速地从现代城市里消失。在一些发展中的经济区域，城市管理者对土地价值和发展空间价值的渴望，使工业遗产加速消失，留下许多遗憾，因此必须进行抢救性保护。

三、开展保护工作的动力因素分析

（一）文物保护规划发展的影响

《全国重点文物保护单位保护规划编制要求》的公布及修订使得文物保护规划从上至下开始发展，在这个过程中，工业遗产成为新型文化遗产的关注类型，其保护规划发展得以促进。2004年国家文物局公布《全国重点文物保护单位保护规划编制要求》，将中国文物保护规划从探索期推进至规范期。2006年《无锡建议——注重经济高速发展时期的工业遗产保护》（简称《无锡建议》）发布后，国家文物局关注工业遗产，由上至下带动工业遗产的相关发展，包括各级文物保护单位的认定及其保护规划，如 2007 年上海江南造船厂编制文物保护规划（区保）、2009 年启动的华新水泥厂保护规划（全国重点文物保护单位，2013 年公布）。

（二）世界遗产申报的影响

20 世纪 90 年代是世界遗产影响国内文物保护规划探索的关键节点，主要在于世界遗产增加了保护规划的申报要求。国内从事遗产保护规划的学者和规划师在期刊、论坛、培训班等场合发表的观点，都将中国文物保护规划探索的早期时间节点定位于 20 世纪 90 年代。与世界遗产影响的关联性主要有以下观点，乔云飞认为：随着 20 世纪 90 年代国家对文物工作支持力度的加大，包括加大经费投入，文物保护修缮的工程量明显加大，开始需要制订更具计划性的工程规划；20 世纪 90 年代后的世界文化遗产申报工作开始提出编制保护规划要求，于是文物保护规划开启了初步的探索阶段。以乔云飞的观点为依据，我们可将中国文物保护规划的早期（1990—1995 年）探索模式分为保护工程、整治工程、展示工程。全国重点文物保护单位中最早的近现代工业遗产为安源路矿工人俱乐部旧址（第二批，1998 年公布），在国家文物局登录系统中最早的保护工程（文物本体维修）为 1995 年，这是中国工业遗产保护规划在文物保护规划早期探索体系下的发展。

世界遗产关注工业遗产并将其纳入遗产名录，促使中国开展工业遗产的申遗及管理规划编制的工作得以发展。1994 年，世界遗产委员会提出《均衡的、具有代表性的与可信的世界遗产名录全球战略》，工业遗产是其中特别强调的需要引起重视的遗产类型之一。从 2001 年开始，国际古迹遗址理事会同联合国教科文组织合作举办了一系列以“工业遗产保护”为主题的科学研讨会，促使工业遗产能够在《世界遗产名录》中占有一席之地。2005 年 2 月 2 日颁布的《实施〈世界遗产〉公约操作指南》将国际工业遗产保护协会（TICCIH）列为世界遗产委员会指定的评审咨询机构之一。至此，工业遗产受到世界遗产委员会的广泛关注，被列为世界遗产的工业遗产按照要求编制管理规划。中国被广泛认可的已列为世界遗产的工业遗产为都江堰（2000 年，全称为青城山都江堰水利灌溉系统，Mount Qingcheng and the Dujiangyan Irrigation System）。本书研究的工业遗产范畴为近现代，都江堰属于古代遗产范畴（第二批全国重点文物保护单位，类型为古建筑），因此不在本书研究内容中。目前近现代范畴申遗的为 2012 年纳入中国预备名录的黄石矿冶工业遗产，同年编制了《黄石矿冶工业遗产——申报世界文化遗产预备名录文本》。在此之前，2008 年 6 月 13 日在北京新大都饭店举办的“建筑师与 20 世纪文化遗产保护论坛”上，国家文物局提出将大沽船坞、福州马尾船政和江南造船厂联合增补入中国申报世界遗产名录，不过从更新的名单看，这个设想并未实施。

（三）历史文化名城体系的早期探索

历史文化名城体系的早期探索包括名城保护规划、街区规划、历史建筑三个层面。中国历史名城保护规划自 1982 年公布第一批后就开始了早期探索，林林在《中国历史文化名城保护规划的体系演进与反思》中将其分为 1980—1990 年的探索期、1990—2000 年的成形期、2000 年后的深化期；1983 年城乡建设环境保护部的《关于加强历史文化名城规划工作的几点意见》明确了保护规划编制的要求，1986 年公布的第二批历史文化名城中就包括了天津、上海、武汉等近代工业发展的重要城市。历史建筑层面，上海于 1996 年就有了早期探索，时任上海市规划局副局长的伍江指出："1997、1998 年的时候，上海在准备第三批优秀历史建筑保护名单的讨论，当时我们就提出来工业文化遗产的问题，我记得还专门成立了一个调查小组，张老师是组长，我是发起者，我们在上海找了 80 多个工业遗产，最后选了 15 个，现在还在上海工业遗产保护名单里面。"

（四）中国遗产化发展的必然

中国遗产化进程推动了保护规划的多样化发展，包括工业遗产保护规划。2005 年中国举办第一个文化遗产日，"文化遗产"一词开始在官方得到广泛使用，中国的文化遗产进入了多样化的发展阶段。文物方面，自 2005 年后，乡土建筑、工业遗产、文化线路、文化景观这些受国际影响的遗产类型在中国得到发展，而基于本土文化特征的红色文化遗产、改革开放遗产也开始被关注。历史文化名城方面，2000 年后在历史文化名城体系中增加了名镇、名村、传统村落等。在遗产身份上也有创新的探索，如重庆、杭州公布的传统风貌建筑。以上这些均是中国遗产化进程中的关键变化，而这些类型的遗产在既有保护规划体系下探索或创新，如在《全国重点文物保护单位保护规划编制要求》体系下创新的《大遗址保护规划编制要求》《长城保护规划编制指导意见（征求意见稿）》和在《历史文化名城名镇名村保护规划编制要求》体系下的各城市风貌区、历史建筑、传统风貌建筑保护规划的要求和规定。目前工业遗产依托中国既有保护规划类型发展。

（五）时代背景推动

这里所说的时代背景推动主要指的是，存量规划 + 多规合一 + 产业调整 + 文化复兴。目前中国正处于增量规划向存量规划转型的时期和多规合一的探索阶段，且国家对于产业政策的调整、文化复兴的诉求均推动了工业遗产保护规划的发展。存量规划的实质是在保持建设用地总规模不变、城市空间不扩张的前提下，主要通过存量用地的盘活、优化、挖潜、提升从而实现城市发展的规划。工业遗产在近代和改革开放时期均是中国文化遗产的重要组成，保护规划的编制及纳入城市规划将有效协调存量规划的相关问题。以天津滨海新区中心商务区为例，中心商务区是增量规划与存量规划并行开发的城区，原有的塘沽区的工业企业向新区调整，旧城区进行存量规划。就法定遗产而言，中心商务区包括 31 处不可移动文物，其中 26 处为工业遗产，涉及多种行业企业，如天津市新河船舶修造厂和天津市船厂（造船）、驻塘部队使用的油库基地（石油供给）、中港集团天津船舶工程有限公司（引水）等，这些均是已经搬迁和即将搬迁的企业，土地基本进入收储阶段，地方政府推动了保护规划的编制工作以期纳入多规体系。

四、工业遗产保护与利用的机遇与挑战

在主客观原因的影响下，工业遗产在很长一段时间内不被重视甚至遭到严重破坏。随着工业遗产保护与利用理论的深入研究，加之国内外工业遗产保护与利用案例带来的良好社会效益和经济效益的呈现，工业遗产保护与利用逐渐受到国内各级政府和相关部门以及社会的重视。

（一）工业遗产保护与利用的机遇

1. 政策方面

从国家顶层设计到地方政策出台，为工业遗产保护与利用提供了政策机遇。2006 年 4 月 18 日，以“保护工业遗产”为主题的首届中国工业遗产保护论坛在江苏无锡举办。会议通过的《无锡建议》是我国首部关于工业遗产保护的共识文件，《无锡建议》作为宣言式文件，其最大的贡献是将工业遗产推到政府和大众面前。

2007 年 4 月全国启动第三次文物普查，其最大的特点就是首次将工业遗产和乡土建筑纳入普查范围。将工业遗产纳入文物普查工作既是这次普查工作的重要突破，同时也体现出国家对工业遗产的认可和重视。向社会公布工业遗产也是对其进行保护的一种手段，一方面有利于促进工业遗产保护与利用的舆论宣传，另一方面也利于社会监督，将工业遗产置于大众和媒体的监督之下，使其得到更好的保护。此举措使各地工业遗产的破坏得到相当程度的缓解。2016 年 12 月 30 日，工信部、财政部以工信部联产业〔2016〕446 号印发《关于推进工业文化发展的

指导意见》，明确提出“推动工业设计创新发展、促进工艺美术特色化和品牌化发展、推动工业遗产保护与利用、大力发展工业旅游、支持工业文化新业态发展”等五项具体举措。工信部在2018年完善了工业遗产认定制度，出台了国家工业遗产管理办法。截至2018年11月底，工信部先后公布了两批国家工业遗产，要求各地在确保有效保护的基础上，探索利用新模式，积极推动工业文化传承和发展。国家工业遗产是建筑遗产、记忆遗产、档案遗产，是100多年来中国近现代工业发展的见证者和记录者，将列入文物保护范围。

各地近年也纷纷开始制定工业遗产相关政策。早在2000年，无锡就将工业遗产纳入无锡市文物普查中，同时下发了《关于征集中国民族工商业文物资料的意见通知》《无锡市档案资料征集办法》《关于展开工业遗产普查和保护工作的通知》，从而将工业遗产保护提上了日程。上海从历史建筑保护的角度对工业遗产加以保护与利用，1991年，上海市人民政府颁布了《上海市优秀近代建筑保护管理办法》，这是国内第一个涉及历史保护的地方法规。之后上海市人民政府陆续颁布了一系列关于历史建筑保护的地方法规，其中包含工业遗产及历史建筑与街区保护、经济发展和城市功能与生态环境相适应的工业遗产保护与合理利用模式、加强深化工业遗产保护的法律机制等。南京则从历史文化名城保护的角度出发，由南京市规划局会同南京市经济和信息化委员会等相关部门，委托东南大学城市规划设计研究院、南京市规划设计研究院有限责任公司、南京工业大学建筑学院三家单位联合编制《南京市工业遗产保护规划》(简称《规划》)。《规划》对南京市工业遗产评价标准进行了规定，编制了南京工业遗产保护名录，细化了工业遗产保护措施。

2. 市场方面

“全域旅游”对接“大众旅游时代”，为工业遗产旅游提供了市场机遇。近年来随着我国社会经济水平的持续提高，城乡居民收入稳步增长，消费结构加速升级，假日制度不断完善，航空、高铁、高速公路等交通基础设施快速发展，人民群众健康水平大幅提升，旅游消费得到空前的快速释放，旅游已经成为人民群众常见的生活方式。人们出游的方式不局限于跟团游，部分人群开始尝试定制游、自由行。人们的旅游需求也进入多元化阶段，对个性化、特色化旅游产品和服务的要求越来越高，旅游需求的品质化和中高端化趋势日益明显，旅游需求正逐渐由游览广度向体验深度转变。实践证明传统景区化的发展模式已经难以满足游客多元化的需求，这就需要创新旅游活动空间、旅游活动内容，向空间全景化、体验全时化、休闲全民化的全域旅游发展，来满足休闲大市场的需求。2016年12月

7日国务院印发了《“十三五”旅游业发展规划》(国发〔2016〕70号)，要求在“十三五”期间，全国要创建500个左右全域旅游示范区。

全域旅游包含旅游景观全域优化、旅游服务全域配套、旅游治理全域覆盖、旅游产业全域联动、旅游成果全民共享五个方面，旅游产业全域联动则是最重要的环节。国外以往的成功实践显示，对工业遗产的开发不仅仅局限于工业遗址观光旅游，而是更加强调整个区域工业旅游开发，通过工业遗产旅游带动整个产业的发展。与我们今天所提的全域旅游概念不谋而合，在我国一些工业城市或者老工业基地，工业遗产旅游可以形成特色旅游产品集群，工业遗产旅游的开发可以带动城市经济的发展，并可培育文化创意、休闲度假、科技研发、生态保护等一大批新兴产业，推动旅游业与其他产业共生共荣，形成相关产业全域联动大格局。

3. 城市转型

城市转型为工业遗产带来了新生的机遇。自从清朝洋务运动以来，特别是随着中华人民共和国成立之后工业化进程的加快，我国兴起了一大批近现代工矿业城市。这些城市既见证了我国工业化发展的艰辛历程，也完整记录了城市发展的全过程。随着城市化进程的加快，以重庆等为代表的部分工业城市进入产业结构调整阶段，作为传统制造业中心的城市功能被逐渐替代，在城市化和产业结构调整的双重作用下，大量的工业历史建筑与传统工业逐步退出城市，成为旧城更新改造的主要对象。东北、华北地区的部分资源型城市，则伴随着资源的枯竭转换成资源枯竭型城市。资源枯竭、企业设备老化严重导致工业产品竞争力严重下降，大量工业建筑和工业用地被废弃，周边环境质量下降，城市失业人口大量增加，许多资源型城市GDP、财政收入急速下滑，严重制约了城市的发展。无论是城市发展的客观要求还是历史发展的必然趋势，城市转型都是紧迫而又重要的任务。在城市转型背景下，在振兴城市衰落区域和改善城市环境的大前提下，城市更新给处于城市衰落中心的工业遗产带来了新生。

城市转型意味着城市经济由传统经济向新经济转型，由单一的产业结构向多元的产业结构转型，由第二产业为主导向第三产业主导转型。对已停工、废弃的工业遗存加以保护与利用，使工业文化与周边社区、城市开放空间、城市景观协调结合，有利于保存工业记忆，体现工业遗产的历史价值，重塑良好城市形象。发展工业遗产旅游，促使其由第二产业向服务业转型，为社会提供大量就业岗位，创造城市新的经济增长点，有助于缓解城市社会矛盾，推动城市绿色发展。

（二）工业遗产保护与利用的挑战

1. 城市化进程的影响

首先，产业转型和城市化的推进加速了工业遗产的破坏。全球化进程的当下，世界城市化的进程正在加快。正经历着人类历史上最大规模、最快速度的城镇化进程的当代中国，产业结构和布局的调整使城市用地和空间结构发生了巨大变化。城市中心区遗留了大量大型的封闭式老厂区，这些大型的封闭厂区形成了城市中心的孤岛，存在环境污染较大、占地面积多、区内交通独立于城市之外等问题，给城市发展带了巨大的负面影响。在城市化和城市改造浪潮的冲击下，区域优势明显的旧工业用地迅速改变了用地性质，成为生活区和商贸区，大量工业建筑物被夷为平地，大部分老工业区正在飞速消失，被现代化的高楼大厦所替代。工业遗产在日趋严重的自然损毁和较之更为严重的基于急功近利思想的建设开发性破坏的双重夹击下，正经受着历史上最严重的破坏和毁灭，以极快的速度在城市中消逝。

2. 主体认识误区的影响

主体认识误区的影响主要指的是，对文化遗产上的认识误区加速了工业遗产的破坏。中国被列入世界遗产名录的项目大多是考古遗址、宗教神庙、帝王墓葬和皇家园林等。工业社会和技术的表现更多地被当作一种文明对待，而不是文化范畴。工业建筑在所有的历史文化遗产中属于比较弱势和边缘的一类，倒闭和废弃的厂房更是普遍被人们看作城市经济衰退的标志。2013 年我国才开始把工业遗产作为新型文化遗产列入近现代重要史迹及代表性建筑类，但因为各种原因，相当数量的有价值的工业遗产还没有被纳入文物保护范畴。

3. 政策及法规的不足

政策及法规的不足为工业遗产保护与利用带来障碍。目前我国尚未制定专门的工业遗产相关的法律法规，工业遗产的保护是基于《中华人民共和国文物保护法》《中华人民共和国非物质文化遗产法》等法律法规的框架下进行的，工业遗产也不属上述法律的约束重点。迄今为止，针对工业遗址的法律法规中最具法律效力的两个文件，一是 2006 年国家文物局下发的《国家文物局关于加强工业遗产保护的通知》（文物保发〔2006〕1 号），二是工信部、财政部以工信部联产业〔2016〕446 号印发的《关于推进工业文化发展的指导意见》。两个通知作为部门规章，法律效力层级较低，只能指导地方相关部门的工作。同时，由于法律法规更多关注以城市物质空间形态而存在的工业遗产，对农村有形工业遗产以及以工艺技术形态存在如冶铁技术、瓷器制作等非物质形态的工业遗产的保护与利用工作关注不够。

4. 保护与利用方式单一

保护与利用方式单一使工业遗产的价值无法得到充分体现。国外成果经验显示，工业遗产保护与利用一般有两种方式：一是成为产业性质的资源，注重经济作用和价值；二是成为公益性质的资源，注重社会作用和价值。工业遗产保护在我国起步不久，对于这种存在于城市历史环境之中，建成年代相对历史古迹来说较晚的传统工业设施、工业建筑等有形遗产，保护内容和模式相对比较单一。无论是用作创意空间还是艺术展演，其出发点往往是对"闲置空间的再利用"，由于对工业遗产自身历史没有加以妥善处理保存，并通过具体的业态传递工业信息、工厂历史，导致再利用的工业遗产功能雷同。一些工业遗产在保护与利用过程中甚至对原有建筑和设备进行严重破坏，这样的改造方式已丧失了工业遗产保护的本质和意义。

第二节　工业遗产保护意义分析

一、有利于城市文化发展

工业遗产保护与利用有助于城市文化发展。美国社会学家、城市规划师刘易斯·芒福德（Lewis Mumford）说"城市是文化的容器"。工业文明推动着城市的发展与扩张，是城市文化的重要有机组成部分，是城市符号的体现。工业文明造就了大量工业遗产，它们见证了城市的发展和生活的变迁，是城市文化遗产的重要组成部分。无论是物质形态工业遗产，还是非物质形态工业遗产，都记录着城市发展的历史进程和轨迹，承载着市民的历史记忆，是城市发展进程中的宝贵财富，是城市文化的直观反映和城市人民智慧的结晶。工业遗产赋予了城市与众不同的个性特征，是一个城市文化品位和文化个性的生动体现。工业遗产的历史渊源、地域性特征使城市文化更具鲜明的特色。保护与利用工业遗产有助于维持城市文化的传承性，有助于保存城市历史记忆，有助于保持城市发展肌理和文脉，有助于维护城市文化的多样性和创造性。

二、有助于城市形象塑造

通常，人们对一个城市的外在感知是在其长期的发展过程中逐步形成的，当这种外在感知被附加上内在的主观意识就成为人们心中的城市意象。

工业遗产作为一种独特的文化元素，反映了城市工业化时代特征，留存的厂址、厂房、机器设备等都是具有标志性的、最本质的文化元素，尤其是现代工业建筑的几何美学、逻辑性和建构性，构成了城市特定区域的文化底色，成为一个城市区别于其他城市的个性特征之一，对丰富城市的文化内容具有重要作用。工业遗产作为一种独特的意象元素，其特色工业元素和环境景观元素，是城市综合形象的黏合剂。对工业遗产的元素进行科学合理的设计，将其纳入城市形象的视角表现系统，对城市感知系统具有重要价值。工业遗产包含精神元素，在城市形象全球趋同化的今天，将工业文化的资源和精神内涵作为城市文化的一个部分纳入城市形象设计中，可改变城市面孔的相似性，凸显城市特色，使城市更具生命力和文化个性，对于维护城市历史风貌具有特殊意义。工业遗产也是一种物质元素，工业区、工业类建筑都是城市空间的重要组成部分，对工业遗产的改造利用，在某种意义上也是对城市空间的拓展、创新与重构，对塑造独具魅力的城市形象具有独特贡献。

第三节　我国工业遗产保护规划设计

一、工业遗产保护实例

（一）青海 211 厂

青海 221 厂又名原子城，创建于 1958 年，是中国研制、试验第一颗原子弹、氢弹并进行过爆轰冷试验的地方，见证了共和国原子弹和氢弹设计理论的研发过程和爆轰试验，是中国核工业发展的摇篮和“心脏”所在地。1987 年，随着国际形势的变化，中央决定撤销 221 厂，1992 年整体移交青海省西海镇政府，1995 年该厂正式宣布退役并解密，成为世界上唯一主动退役的核武器研制基地。2001 年，221 厂所在地被国务院列为第五批全国重点文物保护单位。如今原子城已成为国家 4A 级旅游风景名胜区和全国红色教育旅游经典景区。

1. 青海 221 厂的背景概述和主要遗产设施

青海 221 厂位于青海省东北部的金银滩草原上（现海北自治州西海镇原子城），为了便于保密和掩护，对外称“青海省综合机械厂”或“青海省第五建筑工程公司”。这里的原始规划分为甲、乙两区，甲区是基地的政治、文化、生产和科研中心，分布七个分厂，分别负责供电供热、核物理及放射性化学研究、加工铀部件和无线电控制系统、爆轰试验和核武器总装等工作。甲区共包含 18 个县级单位，因此也被称为“十八甲区”，是现在的西海镇原子城所在地，乙区主要是生活区，是现在的海晏县城所在地。

1958 年全国各地的相关科研工作者和建设者们在通过严格的政治审查后，从祖国的四面八方汇聚到这个荒无人烟的金银滩草原，在原局长李觉的带领下开始建设 221 基地。“三顶帐篷”起初是他们的全部财产。他们就是在这样的艰苦环境下，建厂房，通铁路，修公路，用实际行动在青藏高原的牧区上践行着他们强烈的政治责任和崇高的民族精神，开启了一段不为人知的创业生涯。1987 年，随着国际形势的变化，中央决定撤销 221 厂，1992 年整体移交青海省西海镇政府。如图 3-3-1 所示，为青海 211 厂的各分厂区位关系图。

图 3-3-1 青海 211 厂各分厂区位关系图

（1）二分厂

从远处延伸到草原的铁轨，在基地入口处分为了两条路，一条通往二分厂，一条通往上星站。二分厂是 221 厂的总装车间，各组装车间试验和组装的成品，都要在这里组装成型。厂区中大部分建筑都被土层包裹，整齐地“趴”在草地上。每一个空旷的车间门口都写着“进入工房请穿好防护用具”。这种“掩体式”车间的设计和布局是为了防止一个工号有事故发生时影响到其他工号的生产，也起到迷惑敌人空中侦察的目的。

（2）爆轰试验场

爆轰试验场又称靶场，是试验核武器的地方。1964 年第一颗原子弹在罗布泊爆炸前，就曾在这里进行了同样当量的冷爆试验。这是一个用钢筋混凝土浇筑、外面再用超厚钢板焊成的第 656 号靶墩，从草原上看，它只是高于地面不多的堡垒形半掩埋式平房，上面还覆盖着青草。墩下有一个 50 平方米左右的低矮空间，里面装有各种测试仪表设备。靶墩外面的钢板表面还留有明显的轰爆冲击波打击的痕迹。墩的正前方不远处有一铁架，上托一原子弹模型，那正是冷爆试验的地方。再远处一些的草地下是一个被称作“亚洲第一坑”的地方，据说所有的核废料都掩埋在那里。

（3）地下指挥中心

地下指挥中心位于海北州邮局院内，距离地表 9.3 米处，为钢筋混凝土浇筑的地下掩体，专为防止敌人空袭而建。结构坚固，内部设施具有高防御性，铁门重达 3.5 吨，厚度达 30 厘米。整个指挥中心由载波室、配线室、通风室、指挥室、发电机房、配电室、人工交换室和电报室八个部分组成。地下指挥中心建有许多逃生通道，其中一条可直通海北州宾馆，但建成后未曾启用。该指挥中心现向公众开放，供游客参观和体验。

（4）上星站

上星站位于二分厂以南 0.5 千米处，是草原深处的一个小型货运火车站。二分厂组装完成的原子弹将从这里装车，在“十步一哨”的严密安保下运往新疆罗布泊核武器试验场。如今的上星站只剩下砖砌门柱，其他的建筑都已倒塌。这里已经成为展示场景之一，在夜幕降临时与其他厂房一起若隐若现。

2. 青海 221 厂的退役和转型

1987 年，根据国家战略部署的调整，为中国核事业服务了 30 年的青海 221 厂结束了其历史使命，启动核设施的退役工程。退役工程主要包括各类设施、设备及工器具的去污，污染场地的清污、管道的撤除与去污，部分受污染建筑物的清污与撤除及去污后的维修、去污或清污以后设备和金属部件的利用、污染物的处置和填埋坑工程等。退役工程主要集中在甲区的一厂区、七厂区和六厂区。

对核废物进行处理掩埋是青海 221 厂退役工程的一个重要环节，需建造符合国家铀污染物处理技术要求的填埋沟就地填埋。场地从选址到工程建设都严格执行国家有关规定和要求，1993 年底建成，第二年经国家环保局、国家计委、国防科工委、中国核工业总公司、中国核辐射研究院、青海省政府、青海省环保局、海北州政府等权威机构及政府职能部门，加上勘察、设计、施工等几十家单位对该工程进行了全面严格的验收以确保环境安全。

按照国家要求，21 厂撤厂后，其厂房、生活设施等移交青海省安排利用。退役后的厂房、设施和场地等可以无限制开放使用。退役工程从 1987 年一直延续到 1993 年。1995 年国家正式对外宣布 221 厂全面退役。

由青海省当地政府接管后，221 厂这个封闭了 30 年的军事禁区终于揭开了神秘的面纱，完成了它的功能转型和重新定位，向公众开放，成为红色爱国主义教育基地。原总装车间的二分厂、原核武器元件分装车间的三分厂、火力电厂的四分厂、原爆轰试验场的六分厂以及地下指挥中心、上星站等承载着重要记忆的建筑和相关设施被保留下来并对外开放，成为中国原子弹研制最重要的“纪念场”。此外，原 221 厂招待所变身为此景区的涉外旅游宾馆，一座象征民族团结和独立的纪念碑竖立在宾馆前的树林中，一年一度的“环青海湖国际公路自行车赛”将这里作为起点和终点。这里一些街道的名称（如西海路、将军路、原子路、银滩路和金滩路等）使人联想到那段逝去的核工业历史，夜幕降临时，这些街道在两旁的彩色陶瓷地面和汉白玉栏杆的点缀下显得更加美观。改造完成的展览室和“中国第一个核武器研制基地”纪念碑，承载着它为中国核武器研制、核事业创立所做的千秋功业，也激励着来到这里的每一个人。

3. 青海 221 厂的保护现状

从目前 221 厂的遗产保护与利用现状来看，具有较高历史和社会文化价值的六分厂、地下指挥中心被完好保留，经修缮和改造后成为爱国主义教育基地，而当年的生产重地二分厂则被改造为与当地农业相关的牲畜繁育基地，四分厂延续着原有的热电厂功能，三分厂作为铝厂和碳化硅厂继续使用，五分厂被租用于动物饲养，一分厂、七分厂以及上星站则处于闲置中，建筑设施未做修缮和适应性利用。其中厂区部分保护与再生方式，如表 3-3-1 所示。

表 3-3-1 青海 211 厂保护与再生方式一览（部分）

原名称	遗产价值	现功能	再生方式和用途	再生意义
一分厂	具有一定的历史文化特征，具有特色的废气工业建筑与设施	闲置中	保留部分原有建筑，重新规划、更新利用，改为住宅区、学校等	节约资源和土地，再现“场所精神”
二分厂	具有较高的历史、政治、社会和文化价值，具有多处代表性纪念建筑，整体保存完好	良种牲畜繁育基地	整体修缮保存，提供原真性展示和体验，可作为博物馆。工厂局部场景还原，供展示和体验	展示核工业历史，保留了历史遗存的真实性
三分厂	具有一定的历史文化特征，具有特色的废气工业建筑与设施	铝厂、碳化硅厂	保留部分原有建筑，重新规划加以更新利用	节约资源和土地，再现“场所精神”
四分厂	具有一定的历史文化特征，整体保存完好	与原功能一致（西海热电厂）	保留原有建筑，进行适应性改造利用	节约资源和土地，再现“场所精神”
五分厂	具有一定的历史文化价值	商人承包、动物养殖	保留原有建筑，进行适应性改造利用	节约资源和土地，再现“场所精神”

（二）武汉硚口工业区

1. 保存与开发：武汉铜材厂与硚口民族工业博物馆

武汉铜材厂是武汉地区加工有色金属材料的工厂，兴建于 1958 年，1976 年正式定名。武汉铜材厂发展很快，在其建厂初期，“以青铅、铸字铅、合金焊件、锡罐和小规格铅衬板等冶炼产品为主，兼轧少量铜板带（片）材”。1963 年以后，“逐步形成电炉熔铸、热轧加热、酸洗刷铜等近 20 道工艺流程”。到 1985 年，“武汉铜材厂已发展为湖北省内主要生产各类铜板、带、箔、锡铅、铅铝合金板及双金属材料的厂家，也是武汉市唯一生产铜带材的企业”。武汉铜材厂形成了完整配套的有色金属材料加工体系，发展势头一直很猛，但在国企改制过程中受到了冲击，生产经营情况下滑。在武汉铜材厂搬离以后，硚口民族工业博物馆在其老厂房的基础上建设起来。硚口民族工业博物馆于 2010 年开始建设，到 2011 年 5 月 28 日正式建成开放。因此，针对武汉铜材厂的工业遗产，目前一方面将部分厂房保存起来辟为硚口民族工业博物馆，另一方面则将厂区的其他建筑用于再开发。

硚口民族工业博物馆的内容不仅仅与武汉铜材厂有关，而且是整个硚口工业区工业文化遗产的整合。馆内设置有百坊手工业、民族工业、新中国工业三个展示厅，在各个展厅中汇集了武汉市硚口区各个时期典型的工厂。在百坊手工业厅中，结合硚口区发展的历史特点，还原了旧汉口的市井百态。当时典型的手工业生产有缝衣、打铁、铜器、锁业、补锅、竹编等，这些手工业产业奠定了硚口区的民族工业基础。博物馆中主要选取了老天城槽坊、苏恒泰伞店、叶开泰参药店，运用场景模拟的形式，展现这三个老字号发展的历史过程。民族工业展示厅，主要讲述了第二次鸦片战争之后汉口开埠通商的历史。这一时期，在张之洞的大力扶持下，民族资本家创办了一批近现代工厂，其中包括燮昌火柴厂、汉昌烛皂厂等。新中国工业展示厅，主要介绍了新中国成立之后硚口区工业的新生，以及改革开放以后硚口区对老工业区的改造。这一展示厅详细介绍了武汉柴油机厂与武汉机床厂的情况。同时，这一展厅，也介绍了 2003 年武汉市政府以"整合资源、企业改制、充分就业、环境整治"为目标推动的汉正街都市工业区的建设，为城市新的经济增长注入活力。

硚口民族工业博物馆的开发和建设利用了武汉铜材厂原先的生产场地与厂房，博物馆的开发与硚口工业区的宣传相辅相成，且利用现代化的馆内设计和布局，展览了较多的图片、实物与资料，对于工业遗产来说形成了有效的利用模式。但是，经过实地调研后发现，目前武汉铜材厂工业遗产的整体利用情况不佳。硚口民族工业博物馆利用原武汉铜材厂车间有了较好的展示空间，但其展示内容无论在展品还是在设计上均乏善可陈，并没有真正挖掘出当代工业遗产所具有的文化价值。在当时的调研中，笔者被告知，与硚口民族工业博物馆毗连的武汉铜材厂厂区将建设成电子商务园区。整体来看，武汉铜材厂遗留下来的厂区有着完整的工业景观和可以利用的建筑设施，也有将工业博物馆和新业态结合起来的开发思路，但目前的利用情况，从公益和经济两个角度来看，都不尽如人意。

2. 创意与开发：武汉轻型汽车制造公司与"江城壹号"

武汉轻型汽车制造公司也是当代工业遗产的典型代表。武汉轻型汽车公司的发展过程反映了新中国工业化的探索与发展。新中国成立后，主要是武汉轻型汽车制造总厂生产轻型汽车。武汉轻型汽车制造总厂在当时是国家定点生产汽车的重点企业，"为全国 28 家轻型汽车制造厂家之一"[①]，由原武汉汽车制造总厂和长江汽车改制总厂合并而成。长江汽车制造厂的前身是武汉消防器材厂，生产消防车和扬子牌汽车。1970 年，武汉消防器材厂迁至武汉机械学院，生产越野吉普车和汽油发动机。1980 年，撤销了汽车工业公司，成立武汉长江汽车改制总厂，后又再次成立汽车工业公司，由长江汽车改制总厂和武汉汽车制造总厂合并，成立

① 武汉市地方志编纂委员会 . 武汉市志 工业志 上 [M]. 武汉：武汉大学出版社，1999.

了武汉轻型汽车制造总厂。

东风武汉轻型汽车公司在原址上撤离之后，留下了不可移动的老厂房和土地。2013 年，在这块土地上，以保留原始厂房为基础，作为对工业遗产的保护、利用与开发，修建了“江城壹号”文化创意产业园。在这个文化创意产业园建成的时候，有一处设计十分新颖，那就是将 13 辆报废车辆用叠罗汉的形式堆砌出的 10 米高的雕塑。其足以令游览者感到震撼，也包含着汽车厂从历史走向新生的寓意。文化创意产业园共分为四大文化板块，有时尚休闲区、文化休闲区、美食风情区以及创意办公区。整个文化创意产业园突出创意与个性，结合时尚和现代的新式元素，入驻了不少商家，其中包括美食、咖啡厅、书吧等相关的，也包括乐器学习中心、电影院等文化层面的消费场所，还有快递公司的仓库和房车公司的展示厅等。整个产业园中的道路根据 12 星座命名，商家店铺外观设计文艺有趣，可见“江城壹号”在整体规划的过程中是特别注重细节的。原有的老厂房上挂着汽车厂尚在时的原场所说明牌，比如油漆化验室、总装车间等，对工业遗产进行了有效的保存。

“江城壹号”文化创意产业园从整体来看，将对东风武汉轻型汽车公司的工业遗产的保护融入了利用与再开发中，且在开发过程中注入了现代化的创意与布置方式，以迎合不同消费群体的需求，形成了一个以工业元素为主题的产业经营链，注重细节，设计感较强。

二、中国工业遗产保护规划

（一）保护规划的原则

1. 进行科学的规划

制订科学合理的规划和方案是保护工业遗产的首要任务。应当对遗产的基本情况调研普查之后，对其进行工业价值进行评估，根据评估结果制订科学可行的保护与利用规划，明确工业遗产的保护范围、保护方式、企业的责任与义务和具体的保护与利用实施措施。规划的“科学性”在于对工业遗产的相关信息的系统搜集和整理，对其物质与非物质价值的深度挖掘，对其特色的精准把握以及对于企业和周边区域的发展需求进行深度调研，在此基础之上制订的保护规划才是科学的、可操作性强的方案。

2. 注重分类管控

2003 年，国际工业遗产保护委员会在颁布的《下塔吉尔宪章》中对工业建筑遗产的分级保护给出明确定义，列出评价工业建筑物分级的相关准则，以此为判断标准对现存的工业建筑遗产进行分类。

分类管理贯穿着工业遗产包括保护与利用两个层面，应当根据工业遗产的重要性划分不同的等级或类别，不同的类别对于不同的方面。分类管理不仅涉及工业遗产的保护范围、风貌管控、建筑改建等方面，也包括根据企业中厂前区、生产区、储运区和生活区等不同的功能区域采取不同的管控策略，是多角度的、综合的分类管控。

3. 注重合理的再利用

1964 年，“建筑再循环”理论由美国景观大师劳伦斯·哈普林（Lawrence Halprin）提出。美国旧金山的吉拉德里广场更新实践对该理论进行了首次运用。在此次实践中劳伦斯对巧克力工厂原留存的部分建筑进行保留，对其建筑内部空间进行重塑，改造后用作商业与餐饮用途，实现了工业建筑的循环利用。通过对工业建筑的再循环利用，保存城市历史信息的同时激发旧建筑的使用潜力，对城市生态、文化、经济的发展具有重要意义。

在我国国家层面，各个相关机构发布了多项工业遗产相关的文件。2005 年 10 月，国家古迹遗址理事会在中国西安举行的第 15 届大会上做出决定，将 2006 年 4 月 18 日“国际古迹遗址日”的主题定为“保护工业遗产”。2006 年 4 月，国家文物局在无锡召开中国工业遗产保护论坛，通过《无锡建议》。《无锡建议》对工业遗产的价值评估内容进行了扩充，即工业遗产是具有综合价值的文化遗产，应该得到合理利用。

合理利用是指工业遗产的保护与企业的生存发展之间达到平衡，这是工业遗产在保护和利用方面的一个特殊点。因此，在制订保护方案时，应当兼顾生产活动的需求。只有这两方相互权衡，才能使工业遗产保持生命力，能够不断地传承与发展。

4. 保护历史文脉

历史文脉的传承注重继承原有先进文化，并推陈出新不断发展，使得其在不同时代得到继续发展丰富。历史文脉的传承对工业遗产更新的价值和影响可以说是巨大的，不同地区的文化底蕴、精神内涵都与它息息相关。许多人都把工业遗产定义为标志性建筑。比如，走进煤矿，会感受到熊熊燃烧的工业之火，走近它，会感受到浓郁的兢兢业业、勤劳肯干、乐于奉献的煤矿工人们所铸就的工匠精神。可以说，工业对于经济发展和城市化进程起到了不可替代的作用，我们要注重它在整个城市的核心标志性作用，完好地保存工业遗产，使其更有利于促进历史文脉的传承。

5. 强调“可持续”发展

1972 年，在斯德哥尔摩召开的联合国人类环境会议，首次提出可持续发展理念，该发展理念的核心为经济、社会与环境保护之间共同发展。工业建筑闲置后并未完全失去价值，随意拆除重建将造成不必要的资源损失，拆除建筑造成的大量建筑垃圾也给城市环境带来巨大压力。充分利用现有工业建筑，在减少重建建筑资源消耗的同时，可实现经济发展与环境保护二者协调发展。

（二）工业遗产的一些具体保护策略

1. 整理保护的层级

工业是经济支柱，也是标志性场所，保护许多标志性建筑以及构筑物，其间孕育了伟大的工业精神和红色精神，是传承文化的重要历史文脉场所。在对工业遗产区内的建筑以及构筑物，进行整体的普查和梳理之后，可将厂区内的建筑分为保护、保留、可利用以及拆除建筑，为后期的保护与更新做准备。在此基础之上，根据保留下来的工业建筑及构筑物价值的不同，可分为优秀的工业遗产、比较重要的工业遗产和一般的工业遗产三类，这种分类方式有利于促使保护工作有重点。

在工业遗产保护中最重要的就是做好基础调研工作，通过实际调研掌握第一手资料，了解遗产的真实情况，进一步明确不同遗产的价值，进而有针对性地进行价值评估，制定合理标准，促进遗产保护与更新利用。工业遗产保护工作中最重要的是通过分级分类来判定遗产的价值与保护等级。通过实际调研，梳理出遗产质量等的大致情况。

2. 厘清保护的范围与要求

（1）保护的范围

根据工业遗产的整体分布情况、总体规模和保存的完整程度，可分为集中的片区保护和局部有侧重点的结构性保护两种方式。

第一种方式是将所属企业的整体厂区设为工业遗产保护区，要求维持现有的工业遗产厂区不变，不可在保护区内进行工业建筑的加建和扩建。因为工业生产活动不同于一般性的商业或文化活动，工业生产线的拓展对于厂房的面积需求较大，局部的增建和扩建不仅不能解决根本问题，还会使工业遗产的原有肌理和脉络遭到破坏。

第二种方式是在工业遗产区内保护重要的节点，这些节点构成了工业遗产保护的骨架，是其最核心的部分。因此，在制定保护的原则与策略时，应当以这部分为主，其他部分保护原则与策略的制定以这些重要的节点为基础和依据。

（2）保护的要求

工业遗产保护范围的划定可能会与满足工业生产活动的改造更新存在一定矛盾，具体的应对原则如下：

第一，优秀的工业遗产应当以遗产的保护优先。若保持其建筑现状和原有的生产活动不太可能，可对其进行相应的内部功能的置换，但新的功能不能对厂房造成破坏。

第二，比较重要的工业遗产应在工业遗产保护与生产发展的利用之间进行权衡。若矛盾较大，可进行分期保护，前期以适应企业的生产发展为主，后期若企业需要生产结构的重组，可再加大对其保护的力度。

第三，一般的工业遗产的保护上，若工业遗产对于企业的生产活动造成了一定的影响，则应当以企业的经济利益为优先，但不能完全放弃对其的保护。

第四，对于集中片区保护，在保护区内应尽量避免增加新建筑，如需增设，则新建建筑的形式与原有风貌协调一致，维持原有工业遗产区的肌理和脉络。维持原有厂区布局不变，在集中保护片区之外新建厂区或厂房。

3. 选择工业遗产的保护方式

对于较为重要的工业遗产可申报文物保护单位，在保护区内，要求企业对于重要的工业遗产物质性构成予以保留和维护；在保护区范围之外，可根据企业的发展需求进行适当的工业布局调整和工业建筑的更新与改造。根据其重要程度不同，工业遗产的保护与更新的侧重也不同，针对优秀的工业遗产，采取以保护为主的策略，对于工业遗产的所有物质性构成要求原封不动保留与定期维护，不得拆除或扩建，对于工业建筑遭到严重破坏的，可适当进行修缮，以恢复其原有风貌；针对比较重要的工业遗产，采取局部保护的策略，对于工业遗产中较为重要的物质性构成要求予以保留，并兼顾展览教育等功能需求；针对一般的工业遗产，采取以保护为主，更新为辅的策略，可允许对于工业遗产的物质性构成采取适度的更新与改造以适应工业生产活动，但不可影响工业遗产的核心物质构成。

4. 工业遗产保护实施细则

（1）对于建筑的保护

第一，建立保护标识，明确保护范围。优秀的工业遗产需申报文物保护单位，由相关部门进行统一的管控和维护，其他类型的工业遗产由企业负责保护和利用，有关部门应定期监督。

第二，采用数字化、人工智能化的手段，建立工业遗产的信息档案，通过二维影像扫描、仪器检测、数字影响资料录入等手段，记录工业遗产相关信息。一方面包括其建造年代、历史沿革、建筑结构、外围护结构、建筑立面、平面布局，建筑材料等方面的详细数据，并通过三维建模、软件编程等形成建筑模型；另一方面还包括其所进行的生产活动的内容、形式、所属的生产环节等信息。同时，还需定期对工业建筑、构筑物等进行检测与维护，并及时更新相关信息。

第三，保证工业遗产的安全性。工业遗产所属厂房年代久远，且仍然进行工业生产，其建筑物或构筑物的势必有一定的损伤和破坏。因此，应当对工业遗产中的厂房的结构支撑体系和外围护进行现状评估，并有针对性地进行加固和修缮。除此之外，还应对工业遗产中现有的生产活动进行评估，检测其是否对于工业遗产造成伤害和破坏，若存在此类问题，则应对现有的生产活动进行升级更新或进行生产活动的置换，变更厂房的功能，可变更为仓储、展览和办公等不具有破坏性的功能，以避免生产因素对工业遗产的损耗，保证其安全性。

（2）对于核心技术和工艺的保护

第一，加大科技投入，提升技术创新能力。工业遗产最突出的价值就是科学技术价值。其生产工业的核心技术，一方面是具有成熟、完整的技术原料、工序、体系和标准，工业生产的技艺具有悠久的历史，经历过无数匠人的不断完善，所以需要加以保护和深入研究，加以继承和创新，使其科学技术价值发挥最大的效益。另一方面，工业生产的技术是与时俱进的，需要不断创新和研发。因此，应当不断加大对于工业遗产中工业技术的研究，设立专项研究计划，所属企业通过与权威的科研机构共同合作、与国内外进行深度的科学交流等方式，不断使工业遗产的技术价值得以保护和延续。

第二，产学研结合。保护核心工艺还需强大有利的科研队伍作为支撑，专业人才培养，才能提高工业遗产的科技含量。企业应注重产学研相结合，成立研发中心，建立硕博工作站，与高校和科研机构共同利用、传承和保护工业遗产的科学技术价值。

（3）对于精神文化的保护

丰富的工业历史文献资料、老照片等也属于工业遗产的一部分。它们是近代工业文明的缩影。针对这些珍贵文物，设置场馆进行重点陈列，让参观者能了解历史信息，进一步增强民族自信心和自豪感。通过场所事件挖掘与梳理，重新打造其价值，实现历史事件价值的充分挖掘与利用。在保护整治中对口述史和历史文献进行研究，形成丰富研究成果，这些成果渗透方方面面，可将其打造成老工人怀旧的重要场所之一。

具体来说，可以在新的规划设计中，融入不同的元素，丰富空间场所形式，满足不同人需求的多样性，让多样性场所带给大众不同的体验与感受。多样性场所的打造依赖于丰富的场所功能。创造不同场景活动形式，打造不同功能分区，配备多元化场所事件，都有助于带给大众不同的体验感和归属感，进而增进大众与场所境的互动体验。

第一，多元功能与多样体验。尊重城市多样性，以包容性视角打造多元事件场所，把工业文化与人文文化、旅游文化合理有序地串联，在空间上形成丰富层次感。比如，针对一般的工业遗产，可以打造文化旅游体验区、风情街、场地修复与环境整治生态环境保护区、研学旅游教育基地等。体验内容为：品尝当地特色美食、购买纪念物，体验当地美食感受独特风情，观赏野生动植物，攀登生态登山漫步道，夜宿帐篷露营基地、体验高空缆车等。

第二，文化长廊与文化空间的打造。文化长廊的打造在叙述风格上，追随恢宏壮阔的主题，在空间、色彩、节奏、造型上追求丰富性，以满足不同层次参观者的需求。在文化空间的叙述风格上，打造一种长篇史诗级抒情效果，把参观者导入特定的历史情景中，穿越到革命岁月里，与工业发展的命运共沉浮。结合百年党史与毛主席等革命伟人在红色工运与革命年代的一系列历史典故，合理利用现代声、光、电技术，以丰富展览的表现手法突出图片、实物、场景的主题陈列，加上革命焰火元素的点缀，渲染神圣的希望之光。

第三，标志性建筑物、构筑物的强化。核心区标志物在空间上的强化和功能上的完善，在工业遗产更新中打造环境标识诠释系统是规划策略的重点，在工业遗产体验核心区、红色文化游览区和生态休闲服务区三大板块中分别建设重要性标志物，起到方向上的引导作用。

第四章　中国工业遗产更新设计优化路径

工业遗产的城市设计或者建筑改造设计成功与否受到多方面因素的影响。笔者认为核心问题有两个：一个是发掘固有价值，另一个是赋予创意价值。固有价值是创意价值的源泉，创意价值是提升固有价值、可持续发展的关键。真实性是反映固有价值的指标，创意性是衡量创意价值的指标。从保护工业遗产的真实性角度出发，在进行物质性的改造实践中，应重点保护和展示承载遗产核心价值的建筑特征要素，延续遗产的核心价值，保证遗产价值的真实性传递，对遗产本体进行科学修缮；此外，从提升工业遗产的创意性角度出发，新的建筑设计应以发掘遗产文化、空间美学为设计源泉，鼓励多元化的创意设计，从而让更新置入的功能与遗产共同发挥“文化磁力”作用，强调开放与共享的特性，与社会日常生活紧密联系，获得可持续发展的能力。

第一节　工业遗产更新设计的思路

目前中国普遍存在的问题是既对固有价值挖掘不够，也缺乏创意。针对这个问题本书重点从建筑改造的真实性和创意性进行思路方面的深入研究。

一、注重工业景观的真实性

2003 年颁布的《关于工业遗产的下塔吉尔宪章》(*Nizhny Tagil Charter for the Industrial Heritage*) 第三条：“这些价值是工业遗址本身、建筑物、构件、机器和装置所固有的，它存在于工业景观中，存在于成文档案中，也存在于一些无形记录，如人的记忆与习俗中。” 2011 年《都柏林原则》(*The Dublin Principles*) 第一条：“工业遗产由提供过去或正在进行的工业生产过程、原材料的提取、产品转化证据的地点、结构、综合体、地区和景观以及相关的机器、物品或文件组成。工业遗产包括遗址、结构、建筑群、地区和景观以及相关的机械、物品或文件，它们提供了过去或正在进行的工业生产过程、原材料的提取、原材料转化为商品以及相关能源和运输基础设施的证据。” 因此，工业遗产的价值是通过地区和景观、建筑物群及建筑物、构件、机器、物品或文件等物象反映出来的，保护这些物象的真实性十分重要。目前国内的工业遗产改造在真实性方面还有很大的提升空间。

（一）建筑物的真实性

对于工业遗产的更新与改造反映了对价值的理解以及创作手法的优劣。目前，工业遗产改造水平悬殊。以下是目前常见的 3 种建筑物改造的情况。

1. 保护并延续建筑物的原状

保护并延续建筑物的原状的实例，如图 4-1-1 和图 4-1-2 所示。

图 4-1-1　上海湖丝栈改造前

图 4-1-2　上海湖丝栈改造后

2. 更新改造的外立面与整体工业遗产风格协调

从改造后的结果看，一部分工业遗产的再利用对外立面进行了改造，无法从改造后的外立面判断改造前的建筑形象，改造后的外立面与整体工业遗产的风格较为协调，如图 4-1-3 和图 4-1-4 所示。

图 4-1-3　北京新华印刷厂改造前

图 4-1-4　北京新华印刷厂改造后

3. 更新改造的外立面与整体工业遗产风格不协调

一部分工业遗产的再利用对外立面进行了改造，无法从改造后的外立面判断改造前的建筑形象，但改造后的外立面也与整体工业遗产的风格不协调。究其原因，可能是因为已经无法判断原来建筑的样式，也有可能是建筑师的主张。

（二）建筑物群空间格局的真实性

建筑物群主要是指空间格局。工业遗产空间格局主要包括以厂区为单位、包含产品生产空间和工人生活空间的总平面布局及其相互之间的空间关系，这类遗产空间格局本身体现了工业遗产的历史价值（年代、历史重要性）和科技价值（规划设计的先进性、重要性，与著名技师、工程师、建筑师等的相关度、重要度）。另外，空间格局还包括生产流程的真实性。

我国的工业遗产保护与利用，主要通过产业升级，即文化创意产业的注入而进入大众视野。文创产业注入已停止生产活动的旧厂房，通过对空间的再利用，保留下一批工业遗产；随后大规模的城市更新和工业遗产保护实践在各个城市相继开展，相互博弈。笔者通过广泛调研和整理，尝试梳理工业遗产再利用中对于群组性工业遗产空间格局的处理方式，主要呈现出以下几种方式。

1. 保留较为完整的空间格局

文化创意产业对工业遗产的再利用，带有对历史的浪漫情怀，对工业遗产的遗产价值还未具备较为全面的认识，但也保留下较为完整的空间格局，以下四处工业遗产再利用项目（表 4-1-1）为较完整的案例。

表 4–1–1　工业遗产再利用项目

再利用前	再利用后	再利用时间	保密的建筑空间格局
上海春明粗纺厂	M50 创意园	2003 年	保留了原厂区中的约 25 栋建筑，包括各类原物资仓库、礼堂、织布车间、纺纱车间、毛毯车间、染整车间、金加工维修车间、污水处理车间、锅炉房、配电室、高级职员办公楼、食堂、托儿所等
恒源畅厂	常州运河五号创意产业园	2008 年	完整保留原厂区内的锅炉房（含地磅、锅炉、烟囱）、水塔、烟囱、纺织厂特有的联排锯齿形厂房、消防综合楼、机修车间、经编车间、医务室、食堂、浴室等建筑物；原址保留梳毛机、水喷淋空调装置、1332M 槽筒式络筒机、纡子车、定型设备、印染轧机、和毛机等纺织厂的特征设备和文物资料；保留了从建厂初期至今的近 7 万份史料、手稿、图书资料等

续表

再利用前	再利用后	再利用时间	保密的建筑空间格局
南京油嘴油泵厂	创意中央科技文化园	2010 年	保留了原厂区中约 18 栋建筑，包括原冷冲压车间及库房、零件车间、装备及总成车间、热处理车间、装备车间、油库、各类仓库、办公楼、食堂等
武汉特种汽车厂、鹦鹉磁带厂	汉阳造文化创意园	2010 年	保留了原厂区中约 50 栋建筑，包括原实验测试楼、磁带录音车间、磁粉车间、电镀车间、塑压车间、机加工车间、其他各类车间、食堂、服务楼、礼堂等

2. 保留厂区中具有价值的单体建筑

全国各城市开展全面的工业遗产保护工作前，一部分在全国具有重大影响力的优秀工业遗产，其建筑单体被公布为各级文物保护单位或历史建筑，如以下三处工业遗产（表 4-1-2）。

表 4-1-2　三处工业遗产利用案例

再利用前	再利用后	划分	保密的建筑空间格局
南京晨光机械厂（金陵兵工厂旧址）	晨光 1865 科技创意产业园	全国重点文物保护单位	保留了原厂区从清末、民国到 20 世纪 90 年代约 40 栋建筑，包括原机器正厂、机器左厂、机器右厂、卷铜厂、炎铜厂、木厂大楼等生产加工车间、办公楼、物料库、宿舍楼等
无锡北仓门蚕丝仓库	北仓门生活艺术中心	江苏省文物保护单位	保留了原有的 3 栋仓库和 1 栋办公楼，其中 2 栋蚕丝仓库及办公楼建于 1938 年，剩下的 1 栋仓库建于 20 世纪 70 年代
无锡茂新面粉厂旧址	无锡中国民族工商业博物馆	全国重点文物保护单位	保留了 1946 年建的 3 栋建筑，包括麦仓、制粉车间和办公楼，拆除了 1949 年后的大部分厂房

3. 保留局部空间格局

2006 年的《无锡建议》之后，全国各主要城市逐步开展对工业遗产的全面普查、研究、保护和再利用工作，一批价值较高的工业遗存被列入各级遗产名录，有计划地进行保护和再利用，如以下的三处工业遗产（表 4-1-3）。

表 4-1-3　三处保留厂区部分空间格局的工业遗产

再利用前	再利用后	再利用时间	保密的建筑空间格局
天津棉纺织三厂	棉三创意产业街区	2014 年	保留了原厂区中的约 10 栋建筑，包括原纺织车间、织造车间、变电所、小洋楼、职工宿舍等
苏州苏纶纱厂	苏纶场商业综合体	2016 年	保留了原厂区中的约 10 栋建筑，包括几栋大规模的原织原厂区的公共建筑等
首钢二通机械厂	首钢二通动漫产业园	2016 年	保留了原厂区中的约 10 栋建筑，包括原机装车间、热处理车间、6000 吨水压机厂房、2500 吨水压机厂房、水压机泵房、炼钢车间、铸钢车间、铸钢清理车间、砂库、工具库房等

（三）结构和构造的真实性

对于结构体系的真实性过去强调得不够，但是在工业遗产改造中却是十分重要的。

工业遗产建筑的结构体系指的是各厂房及其辅助建筑的主体受力结构，主要包括竖向受力结构、水平向受力结构和屋顶等，除了构成工业遗产整体价值的一部分，建筑结构体系本身可能体现的是工业遗产的历史价值（代表某一时期建筑风格的结构体系，体现其所属的年代）、科技价值（建筑结构的先进性、重要性，与著名技师、工程师、建筑师等的相关度和重要度）和美学价值（工业建构筑物的视觉美学品质，与某风格流派、设计师等的相关度和重要度）。

近现代工业遗产的结构技术起源于西方，与传统的中国木构建筑不同，结构的耐久性通常较强。在工业遗产再利用设计中，通常对结构进行加固修缮，即可满足改造后的结构安全性要求，而不改变结构受力体系。

具有遗产价值的结构体系，其真实性主要体现在受力构件的材料、尺寸和构件之间的连接方式上。以下是现有建筑的加固措施及对工业遗产真实性的影响（表 4-1-4）。

表 4-1-4　现有建筑的加固措施及对工业遗产真实性的影响

结构体系的组成部分	加固方法	对工业遗产真实性的影响
基础	增大截面加固法	改变结构构件尺寸，若基础具有遗产价值，则损失了部分真实性
	裂损基础注浆加固	不改变结构构件尺寸，若基础具有遗产价值，则基本不损失真实性
柱	增大截面加固法	改变结构构件尺寸，若柱具有遗产价值，则损失了部分真实性
	粘贴钢板加固法	不改变结构构件尺寸，附加新材料，若柱具有遗产价值，加固做到新旧可识别，则基本不损失真实性
	粘贴纤维布加固法	不改变结构构件尺寸，若柱具有遗产价值，加固做到新旧可识别，则基本不损失真实性
梁	增大截面加固法	改变结构构件尺寸，若梁具有遗产价值，则损失了部分真实性
	粘贴钢板加固法	不改变结构构件尺寸，附加新材料，若梁具有遗产价值，加固做到新旧可识别，则基本不损失真实性
	粘贴纤维布加固法	不改变结构构件尺寸，若梁具有遗产价值，加固做到新旧可识别，则基本不损失真实性
楼板	增大截面加固法	改变结构构件尺寸，若楼板具有遗产价值，则损失了部分真实性
	粘贴钢板加固法	不改变结构构件尺寸，附加新材料，若楼板具有遗产价值，加固做到新旧可识别，则基本不损失真实性
	粘贴纤维布加固法	不改变结构构件尺寸，若楼板具有遗产价值，加固做到新旧可识别，则基本不损失真实性
屋架	修补受力构件	不改变结构构件尺寸，若屋架具有遗产价值，则基本不损失真实性
	增设受力构件	不改变结构构件尺寸，若屋架具有遗产价值，增设的受力构件做到新旧可识别，则基本不损失真实性
	替换受力构件	结构构件尺寸可能会改变，若屋架具有遗产价值，替换的受力构件尺寸、材料和连接方式不变，则基本不损失真实性

续表

结构体系的组成部分	加固方法	对工业遗产真实性的影响
墙	增大截面加固法	改变结构构件尺寸，若墙体具有遗产价值，则损失了真实性
	增设扶壁柱加固法	不改变结构构件尺寸，若墙体具有遗产价值，增设扶壁柱做到新旧可识别，则基本不损失真实性
	钢筋网水泥砂浆加固法	改变结构构件尺寸，若墙体具有遗产价值，则损失了部分真实性
	粘贴纤维布加固法	不改变结构构件尺寸，若楼板具有遗产价值，加固做到新旧可识别，则基本不损失真实性

一方面要针对近代建筑技术史深入研究，另一方面结构的真实性也是一个课题，应该给予重视。

1. 主体结构体系的加固与更新

对于遗产价值突出、保存完整、主体结构现状基本完好的优秀的工业遗产，保护工业遗产的真实性需要保护体现遗产价值的建筑主体结构体系，对主体结构体系进行加固、修缮和保养。

对于部分结构具有遗产价值的比较重要的工业遗产和一般的工业遗产，或是结构现状不佳的优秀的工业遗产，具有遗产价值的部分结构是体现真实性的设计要素，需要保护其中体现遗产价值的特征结构，其他的结构可根据改造后的需求更新。以下通过北京国棉二厂纺织车间和西安大华纱厂再利用的结构体系设计过程，探讨工业遗产如何通过保护具有遗产价值的特色结构来保护工业遗产的真实性，根据当下的法规和需求改造其他结构。

（1）项目简介及遗产价值

北京国棉二厂的纺织车间建于 1954 年，是北京目前仅存不多的棉纺织厂车间，作为中华人民共和国成立初期国家自主设计建设的典型案例，具有较高的历史价值；厂房东西向长约 300 米，南北长约 200 米，锯齿屋面的最高点高 8 米；锯齿形的屋顶体现纺织工业的行业特征；现改造为莱锦创意产业园。

（2）改造前现状

改造前对厂房结构进行评估鉴定，结果表明，厂房的现状结构不满足现行规范要求，需要加固，主体结构的受力横截面过小，可见当时国内物质经济的困难程度。

（3）改造的具体细则

根据价值和现状选择保护最具特色的结构，不改变结构构件的尺寸。经过专家参与结构加固设计的论证，最终决定保护主要形成锯齿形屋顶形态的、具有一定历史价值和美学价值的钢筋混凝土折梁，以此来延续锯齿形屋面的整体形态。其他部分的结构通过植筋的方式扩大原结构梁柱的截面，增加承载力，并使之达到现行的抗震规范要求；根据抗震设计在原排架之间增加南北向连梁，将结构体系转变为框架结构。

在深化设计中，将连梁布置在南北走向有外墙的位置，与外墙结合隐藏起来，不影响室内锯齿形的空间形态。对于具有遗产价值、需要保护其真实性的钢筋混凝土折梁，加固难度较大，为了便于操作，选择在折梁的垂直段环绕碳纤维布进行基本的加固，这样一来折梁的承载能力依然较低，需要结合特殊的屋面做法，减轻屋面荷载以降低对折梁的承载力要求，最终屋面的荷载控制在符合结构法规允许的范围，如图 4-1-5 所示。

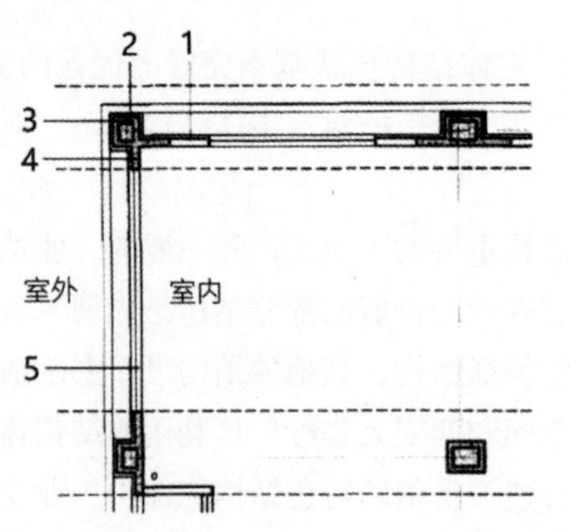

1. 砌块填充墙体
2. 原结构柱
3. 加固增大柱截面
4. 沿外墙新增结构墙体
5. 沿外墙新增结构连梁

图 4–1–5　结构加固平面示意图

此外，西安大华纱厂改造于 20 世纪 30 年代建成的老布厂车间，整体结构为日本人设计，钢结构由英国进口，主体结构为锯齿形钢屋架，结构节点采用螺钉加热铆固，整体结构呈现出独有的结构空间美学，具有极高的技术美学价值。为了加固，建筑师采用轻巧纤细的白色钢制圆管与起转换作用的钢制节点板进行支撑与加固，白色的圆管与原有黑色角钢区别了原有的构架和新加的构件，可识别性符合对于文物修复的要求。新的节点板则与原结构节点板保持一定间距，结构加固简单易于施工，在整体界面清晰、具有识别性的前提下，尽可能保持原有纯粹的工业结构形式。

2. 保护构造的真实性

对于特色构造具有遗产价值的工业遗产，特色构造是体现真实性的特征要素，需要对其进行修缮和保护。以下通过杭州通益公纱厂旧址的二号、三号厂房（原槽筒梳棉间）中对特色构造的保护和修葺状况，探讨工业遗产如何通过保护遗产价值的特色构造来保护工业遗产真实性。

（1）项目简介和价值

杭州通益公纱厂旧址的二号、三号厂房现改造为手工艺活态展示馆，主要用于宣传和传承杭州及周边地区的非物质文化遗产。厂房建于 20 世纪二三十年代，搭建厂房桁架结构屋顶的木材为美国红松，连接厂房梁柱的金属铸件进口自英国，质量精良，具有一定的美学价值；通过锯齿形高窗与厂房北侧原仓库连接的货梯，反映了建筑的原有功能和厂区原有的空间格局，具有一定的历史价值。

（2）改造前状态

改造前木桁架构件基本保存完好，满足现行结构安全的要求，金属铸件稍有锈蚀但基本保存完好，由于北侧原仓库已拆除，与其连接的货梯只剩下了三号厂房中的一部分，伸出厂房以外的部分已不存在。（如图 4-1-6、图 4-1-7 所示）

图 4–1–6　结构加固节点照片

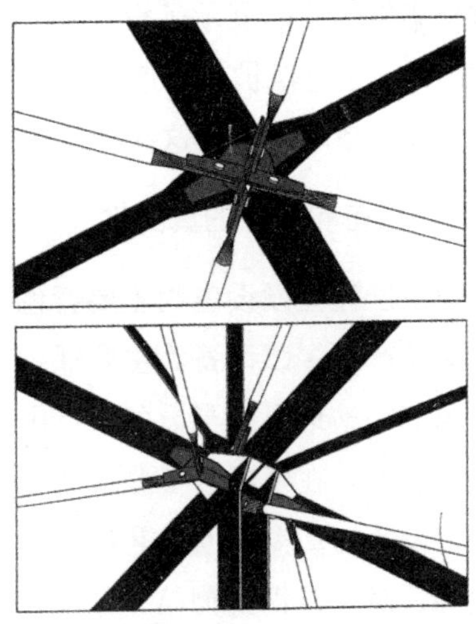

图 4–1–7　结构加固节点示意图

（3）根据价值和现状保护特色构造

从价值和改造前现状评估的结果而言，厂房内体现遗产价值的木桁架构件、金属铸件和货梯是体现真实性的特征要素，需要保护和展示。

一是要保护特殊构造。改造过程中对木桁架构件仅做了基本的防虫防腐处理，对连接梁柱的金属铸件仅做了基本的防锈处理，新增的设备管线对其不构成遮挡；对货梯进行基本的清理和加固。

二是要进行新的设计。新增的防火喷淋系统管线和电线排列整齐，用金属箍固定在木桁架构件上，对构件不造成损坏并且对木桁架不构成遮挡；货梯底部周围设计新的展示台，围绕货梯形成现代创意手工新品发布区，营造历史与现代结合的氛围。（如图 4-1-8 所示）

图 4–1–8　杭州通益公纱厂旧址改造示意图

这个案例为我们展示了设计师如何依据对工业遗产中建筑构造的价值和现状评估的结果，通过保护具有遗产价值的特色构造，保护了体现真实性的特征要素，在新增管线设备时，不对这些特色构造造成遮挡。

（四）设备和构件的真实性

工业遗产往往以设备为主要特色，设备代表了该遗产的核心价值。德国鲁尔区的工业遗产很多以设备为主要保护对象，杜伊斯堡的高炉，关税同盟矿区的红点博物馆都完整地保留了设备。英国地铁博物馆也保留了大量的设备，有的设备甚至可以运转。在中国，工业遗产多倾向于空间利用，很少保留设备。对于工业遗产而言设备的真实性也是重要方面。

比如，对于首钢博物馆（图 4-1-9），建筑师利用高炉炉芯不同标高的检修工艺面，设计出戏剧性的具有纪念、教育意义的展览空间，设置浸入式的场景体验展示。同时利用炉体外部的不同标高检修面作为上人平台，使游客充分与自然、工业互动。建筑师使用双螺旋交通系统，使游客折返于自然与工业遗存之间。

图 4-1-9 首钢博物馆

二、工业遗产更新的创意性

创意是个无限广阔的空间。工业遗产更新的创意性可以反映在不同的方面。建筑师们提到的创意不仅涉及建筑学，也涉及社会和经济等多方面。本书的主要目的是考察当前较为常见的工业遗产更新手法。

同济大学章明教授认为，工业遗产更新成功的标准在于："是否能够将遗产不同时期叠合的原真层层级级地、丰富地展示出来，又能够把当代的诉求很好地、谨慎地融合进遗产中，让锚固与游离成为一种平衡的状态，做到向史而新。"章明教授认为成功的更新案例仍能呈现原来的建筑形制、体量、空间特质以及建构技术，使人们感受到熟悉的空间与记忆。同时，人们又会感受到一种陌生感，源于更新设计对当下使用、审美诉求的创意设计。在一些工业遗产更新案例中，虽然遗产本体保护良好，但内部通风采光严重不足，导致与现代生活匹配度低，这种做法虽保护了遗产的真实性但也不能称为好的更新。章明教授提出的"向史而新"就是要遗产被当下所使用，使工业遗产从过去走向现在，并影响未来。

源计划建筑工作室建筑师何健翔认为："工业遗产成功的案例一定会提供一种日常性，通过设计与真实的生活发生关系，这种日常不是重复的上下班，也不需要建筑师刻意地渲染与造势，它就是在老的空间中给你的日常生活赋予文化感与记忆性。"以源计划建筑工作室为例，这个建造在高耸筒仓顶部的办公间，裸露着旧时的红砖与混凝土，沐浴着每日不同的光线，承载着筒仓独有的工业信息与特定的生产方式，强调丰富的个人感观与日常生活。何健翔认为，老的建筑就应该有这样的特质，与日常生活紧密结合，又会带来不一样的、有意思的日常生活。

异化性是何健翔提出的另一个观点："历史建筑更新与新设计不同，它没有固定的标准化开发模式。工业遗产有它自己独特的设计逻辑、空间格局，这种多元化与多样性是在标准化城市所感受不到的。"何健翔认为在工业遗产更新过程中，成功的园区都不是统一设计出来的，更多的是点式的，一个一个发生的，在一个总策略控制下，由不同的人参与其中，自由发挥、自由表述，通过碰撞产生一种异化。

华清安地建筑工作室建筑师李匡认为，工业遗产的成功标准应当根据其价值评估定位进行分级，对于价值评分高的工业遗产，成功标准以遗产保护情况优劣为主，考虑遗产价值的保护与精神的传承是否到位；对于价值评估分数低的工业遗产，更多地从情感传承与经济空间利用情况进行考察；对于价值评估分数中等的遗产，需要兼顾保护与利用，强调遗产核心价值是否保护到位，经济空间利用是否满足使用要求。

同时，李匡认为成功的工业遗产活化项目有以下几点共性：一是公共性，作为遗产类项目应当尽可能地向大众开放，由大众共享。工业时代作为城市历史不可分割的一部分，其工业文化、精神必须得到传承，对于那些价值较低的部分，也应考虑其社会文化情感价值。二是规范性，目前国内遗产更新类项目最大的问题在于是否满足规范，好的设计应当满足结构安全、消防疏散、舒适性的要求。历史风貌传承，设计师对于空间、外观的设计应当尽可能地保持遗产的基本特征，过于夸大自我的创意设计对遗产本体造成影响，也不能称为成功。

在保护历史痕迹与满足新时代要求的双重目的中，最好的设计通过尊重工业遗产宏伟的外部性特征及雕塑性的内部空间，秉持富有想象力的设计方法，在更新的真实性与创意性之间保持了优雅的平衡，将遗产从过去拉入当下的生活，并折射未来。

价值是否被保留与突出，建筑的当代性是否表达，是否具有开放性与公共性，更新后空间是否有活力、经济回报能力、更新的规范性，都需考虑。遗产保护的成功取决于遗产核心价值的保护与遗产风貌、社会情感的传承与发扬；当代性表达包括了将当代使用诉求谨慎地融入遗产中与具有艺术创意的更新设计两点；城市共享性包括保持开放性、公共性与保持空间的持续活力；在运营机制方面，需要制定长效评价策略与长期运营计划；经济回报方面包括可持续性的经营活动与通过定期维护保持建筑物对于未来需求的应变两点；规范性包括土地性质与审批手续的规范化与结构加固、消防疏散的分级规范。其中当代性表达与遗产核心价值保护与否是最受建筑师关注的两点，可以看出建筑师群体对于建筑设计与遗产保护的关注。

第二节　工业遗产更新设计的策略

一、总体策略指导

如何实现工业遗产更新设计？作者通过梳理、研究相关建筑师的实践，探讨了工业遗产更新设计的设计策略与影响要素。（如图 4-2-1 所示）

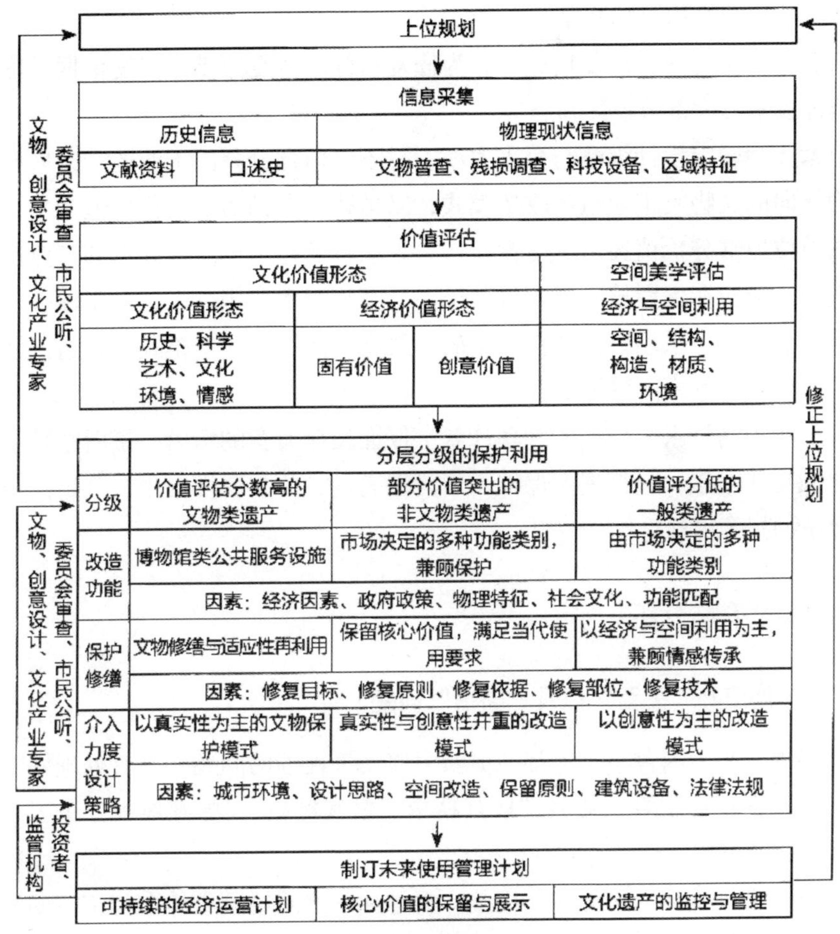

图 4-2-1　策略指导图

第一步为开发主体及利益相关者决策机制，整理了目前中国工业遗产开发主体的三类模式，并列举了影响遗产改造的各类利益相关者，包括投资者、实施者、使用者以及监管机构。

第二步为对工业遗产的物理现状分析，囊括了区域需求、物理特性、工业类别、科技设备四大类。

第三步为工业遗产价值评估。此步骤除了从文化与经济视角对工业遗产文化资本评估外，特别加入了建筑师设计过程中对遗产创意的评估。

第四步为确定改造利用功能。针对价值评估分数高的文物类工业遗产，推荐改造为博物馆类公共服务设施；对于非文物单位但部分价值突出的遗产，在保护特色建筑部位的前提下，改造功能由市场决定；对于价值评分较低的一般类工业遗产，其功能应交由市场决定。

第五步为确定保护修复措施，分为修复目标、修复原则、修复依据、修复部位、修复技术五大部分。

第六步为确定设计策略与介入力度。对于价值评分高的工业遗产，采取以真实性为导向的文物类工业遗产改造模式，以延续与发扬历史文化价值为主；对于非文物单位但部分价值突出的工业遗产，采取真实性与创意性并重的工业遗产改造模式，改造应在保留核心价值的基础上，满足当代使用要求；对于评分较低的一般类工业遗产，采用以创意性为主的一般类工业遗产改造模式，改造以经济与空间利用为主，兼顾情感传承。

第七步为制订未来使用的管理计划，保证长期运营的活力。最后整理工业遗产活化成功的因素，包括遗产保护、当代性表达、公共属性突出、满足法律法规以及经济回报等因素。

二、具体的策略分析

（一）处理好“去留”以及“新旧”问题

“传承”与“割舍”永远都是更新中要妥善处理的问题，只有处理好二者的关系，才能在更新中真正做到“取其精华，去其糟粕”，更好地服务于工业遗产的实际保护与发展。

新与旧不仅是历史的传承与交接，更见证了不同场所事件在特定时期的产生与发展。在此处，让新旧元素自由融合，贴近自然，能更好地让它们在工业遗产保护与更新中实现共荣共生。

工业遗产空间事件的共生关系处理是其未来发展的一剂良方。厘清各事件元素的空间关系进而实现空间的合理有效重构能让工业遗产在规划建设中逐渐由量变引起质变，走向绿色的更新之路需更精细的功夫。建筑、景观、文化事件在空间的呈现实现了在空间结构中的共生。建筑遗存与活动场所的保留与更新，通过对工业建筑遗存的保留传承了场所精神。在这个过程中更需要将艺术、建筑、景观、文化、产业等融为一体，在建筑景观的细节处理上我们要做到最大化地尊重原有自然环境和建筑、景观、文化各要素，保留工业记忆。

设计师说：艺术是所有年龄段的中介者并且是新思维的桥梁，在工业遗产的更新中，我们可以学习艺术设计手法，提取工业、红色文化和旅游元素，通过形式的嬗变实现图腾化，设计新的文化图腾，创造新的场所活力。比如，可以在工业遗产的建筑层面增加浮雕设计，浮雕可以用于展示在工业化和城镇化进程中工业遗产在经济方面做出的重要贡献和工运时期传承下来的伟大革命精神等一系列文化精髓，采用明喻手法，直截了当地叙述故事情节，有利于参观者直接获取文化信息，领会精神内涵。比如，在景墙一侧采用提喻手法，设计“火焰”图腾，以小见大，使参观者进一步感受工运的伟大革命气焰和老一辈革命家“抛头颅洒热血、舍我其谁”的大无畏精神，并且加入居民的体验过程，从而实现居民与场所的对话与交流，让人进入其中有一种切身经历过那段光辉岁月之感。

（二）运用去工业化手法

去工业化手法是指通过一些非工业化手段，从文化、生态等层面对原有工业用地实现功能置换和用地性质的转变。在这方面可借鉴罗浮宫朗斯分馆的去工业化手法。它从一个煤炭废弃地到成功地被打造为博物馆和生态公园，达到了人与自然的和谐，并且在这个过程中处理好了“去”与“留”的关系。学习它的更新思想和处理手法，有助于我们拥有国际视野的同时又能因地制宜研究出适合我国国情与文化传统的更新策略。比如，停止工业生产之后可以设置游客下井体验环节。

生态和谐和可持续发展理念在当今全球经济发展中十分重要，随着经济的发展，不可更新的资源损耗越来越大，资源投入也越多。可更新的资源有一个固定的承载力，就是在有限的资源内合理地使用。生态修复成功是为了保持生态系统的最优和可持续利用。工业遗产的生态修复成功会更加吸引人流的进入，所以在进一步修复生态系统的同时我们也可以提高生态服务多功能开发，在原有基础上开发出保护区各种景观以及水系的服务娱乐功能，比如，开发野营、爬山、自行车、烧烤、帐篷露营等野外活动。整体区域服务对象以家庭为主，老幼皆宜，微旅游体验场所中也可设置三维影院等娱乐场所，配备齐全兼具住宿功能可使人停留一到两天甚至更久。

运用的所有元素在建筑之间可构成一种渗透在人类记忆空间之中的作品。无论是摆正该场所的自身定位，还是构建新型空间关系，都离不开我们对其价值挖掘与遗产保护更新中的去工业化手法的运用。

（三）空间重组与功能整合

空间重组是指最大限度实现新功能与现有建筑空间的适配，在建筑空间内局部采用增建或拆减方式创造新的空间类型。增建是适应性极强的改造方式，对建筑空间的局部增设夹层、坡道等布局形态。增建前应衡量原有的建筑结构所能承受的最大负荷，新增空间也应采用轻质高强度的建筑材料，如费城艺术博物馆项目改造时，建筑师弗兰克保留原有建筑的结构体系，通过隔墙、坡道及室内家具小品在内部创造新的空间形式，满足博物馆的展示、教育功能。

拆减是指对建筑内部空间非承重结构墙体、楼板等构件进行拆除，以满足新的空间秩序需求。拆减使原来的 2 层楼板合为 1 层，可形成建筑中庭、天井等高大竖向空间，丰富了内部空间形态。拆减时对原结构采取必要的加固，在结构安全的前提下进行，保证建筑整体的稳固性。如巴黎奥赛博物馆（图 4-2-2）由火车站改建，拆除火车站原有部分非承重结构，使内部空间跨度增大，满足改造为艺术品展厅的使用要求。

图 4–2–2　巴黎奥赛博物馆

对工业遗产物理空间的更新会改变原有单一静态的工业生产功能，合理的功能置入是提升工业建筑功能性、经济性的前提。功能置入应契合工业建筑的空间特征，单体大跨型空间可改造为展览馆、博物馆、大型购物商场等场所，多层常规型空间可改造为办公区、餐饮店、酒店等。选择合适的功能应从所在城市区域需求出发，并且尽可能设置多样混合的从属功能，创造多元化的功能价值，满足不同年龄、生活背景人群的差异化需求，如奥地利维也纳“煤气罐城”更新设计中，设计者调研了场地周边的现状功能，充分了解周边居民的改造意愿，置入购物中心、电影院、餐饮等混合功能，为附近居民提供设施齐全、业态丰富的休闲放松购物场所。

此外，需要注意到的是，很多工业遗产是活态的，因此进行的工业更新应该满足企业产品发展需求。工业遗产所属企业的历史较为悠久，大部分面临的是厂区内生产水平低下、生产效率较低，厂房布局不合理，与现代化的生产流程不匹配等问题。因此，需要对厂区现有布局进行整体统筹规划，使得工业遗产保护与企业生产升级达到平衡点。主要考虑以下几个方面：①满足企业的可持续发展。在规划调整阶段，加强与活态工业遗产所属企业的沟通协调，明确企业的发展目标与发展规划，明确在厂区功能布局调整阶段是否存在扩建加建厂房或缩减用地的要求；在整体规划时，应当预留相应的空地，为企业远期的发展规划留有余地。②梳理生产流线。梳理厂区内现有生产运输流线与对应厂房的位置关系，发现问题与矛盾；在调整生产流线的过程中要在成本与生产利润之间不断权衡，尽量利用旧厂房，减少浪费；厂区内多条生产流线存在问题时，应分清主次，尽量满足企业的主要生产流线顺畅简洁；应分清原料和货物运输的车行流线，与人行流线尽量分开。③调整功能分区。活态工业遗产所属企业中，部分企业为满足扩大再生产，另建立了新的厂区，老厂区的生产线不断向新厂转移，在不断的转移过程中，老厂区原有的功能布局被打乱，因而造成老厂区分区混乱。在调整分区布局时，应优先对厂房尺度、生产条件等要求相近的生产线进行功能的置换和位置调整，减少改造的工作量，避免对厂区内的工业风貌造成破坏；尽量保证厂前区、生产区和储运区等功能分区空间形态的完整性，避免过多的交叉和重叠；同时，运料和货物运输的流线尽量避免经过厂前区。④完善厂区附属设施。为弥补活态工业遗产所属的老旧厂区内部的附属设施存在缺失、设计不合理和利用率低的问题，应对厂区内企业员工进行充分调研，主要调研包括生产工作条件、生活辅助设施、休闲娱乐设施和通勤设施等方面存在的问题和不足。应秉承人性化的原则，提出相应的整改措施，满足企业员工的需求。⑤完善配套设施。当活态工业遗产所属的行业适合发展旅游业，可以与第三产业相结合时，应考虑增加和完善相应的休闲、娱乐、展览、商业等配套设施，以推动其多业态、多元化的发展。⑥避免对周边区域造成不良影响。活态工业遗产的保护与存续，与周边区域有着密切的联系，应避免破坏周边地区的生态环境，避免对周边居民形成噪声干扰和交通拥堵等问题，在厂区规划调整阶段予以充分的考虑；在情况允许时，可适当与周边区域的休闲娱乐、商业和居住等功能区衔接，保证活态工业遗产与周边区域和谐共生。

（四）建筑空间与风貌的更新

第一，遵循分区规划策略。对于工业遗产来说，厂区内建筑空间环境品质和厂容厂貌的提升，主要的目的是突出企业的悠久历史和深厚底蕴。工业遗产中建筑立面的更新与改造，对于厂区内空间环境品质的提升和工业遗产的保护与利用起到至关重要的作用。在工业遗产中，建筑立面的改造和更新既要保持工业遗产的原有风貌和特色，又要体现企业发展的持续性，做到传统与现代的有机结合。所以首先应该采取分区规划的方式，在工业遗产保护范围内外采取不同的管控和更新策略。在工业保护范围内，对于工业特征明显、建筑艺术价值较高的工业厂房和相关的附属设施，要保留和保护原有风貌；对于工业风貌特征不明显或遭到一定程度损坏的工业厂房，要根据历史资料和同期建筑的风貌特点，对工业厂房进行适当的修缮和修补，充分利用提取的传统元素，在尊重历史的前提下，复原其风貌，重塑老旧工业建筑的历史风采。对于工业遗产保护范围之外的工业建筑，应当充分尊重厂区内受保护的工业厂房，在建筑的比例尺度、立面装饰元素、色彩、材质等方面，与老旧厂房相协调，协调的方式可采用对比和模仿两种形式。在此基础之上，对其进行立面的改造和更新，保证工业遗产风貌的历史性与现代性有机结合，既使工业遗产的价值不遭到破坏，又可满足企业生产等方面的需求，保证厂区内历史风貌建筑与现代建筑的协调过渡。对于厂区与城市相邻的区域，应当尊重厂区周边建筑的肌理与立面特点，避免对厂区内周边地区造成不良影响，同时沿街立面要注重展示企业的形象和风貌。

第二，体现建筑的性格特点。工业遗产中的工业建筑按照不同的功能，可分为工业厂房、仓库、办公建筑、生活附属设施四大类，对于生产区的新建工业厂房，建筑立面采用现代简约的风格，并能体现工业厂房的立面特点与建筑性格。

对于办公建筑应当体现企业的庄严和宏大，以现代简约风格为主，并与整体环境相协调，强调竖向线条，庄严肃穆。辅助设施立面设计应该以横向线条为主，体现建筑开放、活泼的性格特点。

第三，重塑空间的秩序感。很多时候，工业遗产所属厂区存在局部空间杂乱破旧，临时用房较多，改建和加建的厂房缺少规划设计等问题。针对这部分区域秩序感的重塑，需要从空间界面的设计和建筑的形态肌理的调整两方面考虑。空间界面的协调统一主要影响因素是厂房的立面颜色、材质和设计手法等方面，新建建筑通过对比和模仿两种方式达到界面统一的效果；建筑的形态肌理应当参照厂区原有的空间形态和厂区周边的肌理形态，对于体量较小的建筑适当进行整合和调整，恢复规整的秩序感。

第四，美化厂区环境。需要功能性与形式美并重。形式上，工业遗产所属厂区绿化空间环境的改善，应当采用景观节点、绿化与人文景观相结合的方式，满足美观要求。功能上，厂前区的绿化景观应体现工业主题，要为企业内的员工提供休闲娱乐的空间，丰富空间体验；生产区的绿化除了美观整洁外，同时还应具有净化空气，降低噪声等功能，不同分区应当有不同的侧重点。

第五，营造工业氛围和历史感。工业遗产厂区的氛围营造应突出历史感、工业氛围和企业文化。应当与工业元素相结合，采用不同的艺术表达方式。通过雕塑、景观小品、标识标语、纪念碑等不同的形式，展现企业的发展年代、重要事件、重要人物和重要科技生产成果与贡献内容，使历史感与现代有机结合，营造良好的厂区氛围。

第六，符合工业遗产的特点。不同类别的工业遗产有不同的特点。比如，对于轻工业如酒品酿造、皮革生产等企业，注重突出其文化氛围与人物情怀；对于一些重工业企业如航天、交通和钢铁企业，要利用工业元素营造工业与科技创新的氛围，展现企业的雄厚实力。

总的来说，更新中的空间需重新梳理，方可以功能定空间，以功能划空间。通过空间梳理，串联起工业遗产体验核心区、红色文化游览区和生态休闲服务区等主体功能区。同时可以设置多样性体验情节满足不同人群的实际需求，丰富多样性空间，比如，品尝当地特色美食、购买纪念物，体验当地美食感受独特风情，观赏野生动植物，攀登生态登山漫步道、夜宿帐篷露营基地、体验高空缆车等三条游览线路，体验煤矿工业生产，学习红色历史文化，打卡新型工业文化与红色文化旅游网红地等，在空间上串联成线。如此一来，激活要素提升价值，提升场所事件价值，通过要素激活、丰富场所事件和游客体验内容，以人为本，打造多元场所环境等形式。

（五）注重工业文化的表达

工业遗产的更新不应只停留在实体建筑层面，也应注重对厂区内整体工业文化氛围的塑造。可以说，更新给场所提供了惊人的机遇，应重视更新过程中的文化要素的作用和价值提取。

首先，原有厂区肌理对整体空间工业氛围的营造具有重要意义，肌理的延续是维持原有厂区规整空间界面的重要保障。为避免新建建筑在道路空间上无序扩张，设计者可保留原有厂区内部的道路骨架，突出注重效率的工业道路特征。此外，可还原工业生产场景，提升工业文化表达的话语权，将工厂具有特色的产品生产流程以互动体验方式向参观者展现，加深游客对工业文化的感知。对建筑内部保留品相较好的工业生产设备进行艺术化加工，使游客近距离与工业设备进行互动。标语作为语言符号，是特定历史时期的文化产物。对在墙体上留存的工厂文化标语进行保留并二次创造，将其转变为美观装饰艺术，用文字展现的方式还原时代情节。比如，成都东郊记忆公园食堂的文化标语墙，将计划经济时代的标语应用于现代餐饮服务，在游客就餐时加深其对工业文化的理解。

其次，注重历史信息的呈现。在空间上，可以串联起革命历史长廊，通过对工业奋进时期历史事件的梳理，在时空上进行脉络的有效串联，并进行整体打造，再现峥嵘岁月。在呈现历史信息时不仅要注重历史内涵解读，民族情感的培育，更应在相关主题博物馆里对科学知识和工业技术进行展示，做到历史与科普并重，体现更新营造中主题的丰富性与多样性元素的运用，营造出浓郁的工业文明氛围，以纪念中华民族工业先驱与时代脊梁，同时，满足不同人群的需求。

再次，赋予工业遗迹新用途。这样既能保留历史文物、展示工业发展的历史原貌，又激发了工业遗产在新时代的新活力。叙事场所与人的真实情感需求相连相融能有效地让置身于其中的居民与游客清晰流畅地梳理解读空间叙事思路与风格，进而成功获取和深刻理解当地吃苦耐劳、兢兢业业的工匠精神和工运时期的伟大革命与红色精神，进一步理解红色历史文化，在其中找到归属感和自豪感并发自内心地为其历史文化精神魅力所折服。各大叙事空间与居民需求相融合，居民在使用空间的同时，可以流畅地理解叙事思路，连续获取文化故事情节，感受其背后的文化魅力和精神内涵。工业遗产公共空间的建筑、景观、文化的结合极其重要，以“工业、文化记忆挖掘—主题定位与结构编排—场所再现与空间价值提升”的更新思路，以公共空间设计构思对建筑、景观叙事方法进行实证，验证了建筑、景观、文化叙事等在工业遗产更新、公共空间场所营造层面的适应性。

最后，从城市更新与遗产保护角度，可考虑在工业遗产周边打造文化创意示范片区，用工业旅游线路串联起红色文化旅游线路，充分展示工业文化和红色文化，培育城市休闲生活，依托历史环境要素和混合功能布局，塑造多元空间，打造集休闲、工业与红色旅游、研学教育等于一体的文化创意示范区。

（六）多元主体参与

政府在工业遗产更新中发挥着举足轻重的作用，与此同时，企业也是至关重要的。最理想的状态是“政府搭台、市场唱戏、企业担当、中介服务”。在工业遗产的保护和更新中我们要注意处理好这些关系，以达到最大化保护、最优化更新利用。

政府有保护工业遗产的责任与传承历史文脉的初心使命，可是在这个过程中却不一定能完全地监管和主导，因为这些具体的落实要企业和职工配合保护完成，而企业在更新过程中，要发展经济、解决工人就业和生存问题、实现盈利等，在这些历史使命承担上可能就会因为经济不足以支撑而显得有心无力、力不从心。举个简单的例子，以高坑煤矿为代表的煤矿原有典型五六十年前进口的生产设备，具有时代意义和呈现当时的科技价值，同时也非常具有教育意义，可供游客参考直面煤矿开采与加工设备，想象中华人民共和国成立初期老工人们兢兢业业吃苦耐劳的工匠精神，同时还可以规划出研学教育基地的设备陈展。可是政府一再强调保留好老工业设备和仪器，工厂却因为没有多余场地供陈列、认为没有经济价值而绝大部分低价售卖，已经无法找回这些非常漂亮又极具时代记忆价值和科技价值的设备。基于种种事迹表明在更新过程中我们需要摆正政府与企业之间的关系。

政府要履行好保护工业遗产责任，加大重视程度和监管力度。管理者首先要意识到和更加重视工业遗产的价值，光有保护和抢救迫在眉睫的意识还不够，要在工业遗产更新、历史文脉传承和城市公共空间营造上加大投入，并做好监管工作，鼓励并督促好企业做好这方面的工作，加大教育与沟通工作，并给予一定的经济政策扶持，促进工业遗产的保护与更新。企业要主动了解工业遗产价值，要有承担更多社会责任、工业遗产保护舍我其谁的高尚情怀和传承城市精神的使命担当感。在遇到陈列场地不足、更新经济方面等问题时及时与政府进行沟通，征求有关部门的意见。而不是在对有关遗产价值认识不足的情况下把它们都卖掉，然后无迹可寻。

要让政府、企业、市民、游客等不同人群充分了解工业遗产的价值，让他们主动承担责任使命就要加大宣传力度，多组织线上线下多种宣传教育方式，同时可以多与高校等部门合作，组织研学之旅，认识工业遗产价值和保护的演讲比赛、征文比赛。青年是祖国未来的希望，有责任和义务让我们对工业遗产认知更多、行动更快。同时，扩宽市民监督渠道，加大监管力度。让市民认识了解工业遗产的价值和时代意义与象征性，让他们自觉主动加入工业遗产保护更新工作中来，由自上而下主导到自下而上的积极主动配合，当地政府和企业以及市民都履行好职能、承担好义务、发挥好作用，一定能够进一步做好工业遗产保护与更新工作，塑造好城市地域特色、提升空间价值与场所活力。

此外，工业遗产的保护不仅可以依靠政府和企业，还可以鼓励社会资本与企业创新合作模式，在遗产的保护和宣传过程中贡献力量，共同受益。工业遗产应当履行一定的社会责任和社会义务，定期参加周边社区的公益帮扶活动，参与城市建设和发展，贡献力量。这样才能增强社会各界对于工业遗产的认同感。

第三节　工业遗产更新设计的实践

一、国外的相关案例

（一）德国鲁尔工业区

1. 北杜伊斯堡景观公园（North Duisburg Landscape Park）

世界著名的德国鲁尔工业区是工业景观的典型，忠实地反映了真实性，并且也是再利用的典范。鲁尔曾经是德国甚至整个欧洲的工业中心，20 世纪 50 年代开始衰落。为了推动该地区的生态环境和经济结构的更新和发展，将地区的工业、历史文化、教育、劳动力、土地资源、区位条件、交通等优势条件转化为发展潜力，北莱茵-维斯特法伦州政府的区域规划联合机构于 1989 年开始启动“国际建筑展埃姆舍公园”（International Building Exhibition Emscher Park，IBA）十年规划。整个建设计划涵盖了污染治理、生态恢复和重建、景观优化、产业转型、文化挖掘与重塑、旅游业开发、就业安置与培训办公、住居、商业服务设施、科技园的开发建设等多重目标。

北杜伊斯堡景观公园（图 4-3-1）是这个计划框架中前期探索性重点项目。原钢铁厂于 1987 年关闭，1989 年政府买下钢铁厂用地，改为公园用地。1990 年举办国际设计竞赛，由德国景观设计师彼得 · 拉茨（Peter Latz）的事务所中标，该设计 2000 年获得第一届欧洲景观设计奖。

该项目最突出的特色是强调工业文化的价值：第一，对于废弃工业场地和设施积极利用；第二，对于原来的整体布局骨架结构以及空间节点充分保留，确保完整性和真实性；第三，公园巧妙利用原有工业设施容纳参观游览、餐饮、机会、休闲、娱乐等多种活动，优化了生态环境，将废弃的钢铁厂变为大众喜爱的公园。

图 4–3–1　北杜伊斯堡景观公园

2. 关税同盟矿区（Zeche Zollverein CoalMine）

关税同盟矿区（图 4-3-2）于 1932 年建成，是鲁尔区最重要的煤炭工业，1986 年停产，在 IBA 框架下进行整治。鲁尔博物馆（RIHR Museum）是由荷兰建筑师雷姆 · 库哈斯（Rein Kohlhass）设计，2007 年下半年重新开放，成为地区工业化历史的纪念碑。2001 年，德国“关税同盟煤矿工业遗产群”被列入世界遗产名录中。2010 年，该区域的鲁尔博物馆开馆，向大众展示保留下来的工厂、筛煤车间、仓库、矿场、炼焦炉、烟囱等，以纪念鲁尔工业区 100 多年来对于德国现代化工业进程的重要贡献。同时，其附近的德国红点博物馆（图 4-3-3）是世界上规模最大的当代设计展览馆之一。

图 4-3-2 关税同盟矿区

图 4-3-3 德国红点博物馆

鲁尔区将工业遗产转型为城市创意文化中心的成功案例，在德国乃至欧洲各国被广泛学习与借鉴，也使得所在地埃森在 2010 年被评选为欧洲文化之都（European Capital of Culture）。

（二）日本的工业遗产更新设计

目前日本共有 4 处工业遗产申遗，其中 3 处成功入选，1 处登录在预备名录中。石见银山遗迹及其文化景观（2007年，世界文化遗产）是16—20世纪开采和提炼银子的矿山遗址，涉及银矿遗址和采矿城镇、运输路线、港口和港口城镇的14个组成部分，为单一行业、多遗产地的传统工业系列遗产。佐渡矿山遗产群（以金矿为主）（2010年，世界遗产预备名录）始建于16世纪中期，包括了考古遗址、历史建筑、采矿城镇和民居点4个主要组成部分，为单一行业、多遗产地的传统工业系列遗产。富冈制丝场及相关遗迹（2014年，世界文化遗产）创建于19世纪末和20世纪初，由4个与生丝生产不同阶段相对应的地点组成，分别为丝绸厂、养蚕厂、养蚕学校、蚕卵冷藏设施，为单一行业点、多遗产地的机械工业系列遗产。明治工业革命遗迹，钢铁、造船和煤矿（2015年，世界文化遗产），见证了日本19世纪中期至20世纪早期以钢铁、造船和煤矿为代表的快速的工业发展过程，涉及8个地区、23个遗产地，为多行业布局、多遗产地的机械工业系列遗产。端岛（军舰岛）（图4-3-4）是其中之一。

图4-3-4　端岛（军舰岛）

2015年"明治工业革命遗迹：钢铁、造船和煤矿"被列入世界文化遗产。国际古迹遗址理事会认为这一系列的产业遗产群符合世界遗产标准的（Ⅱ）（Ⅳ）项，推荐其为世界文化遗产。

标准（Ⅱ）："明治工业革命遗迹反映了封建日本从19世纪中叶开始探索从西欧和美国引进技术的过程，以及这些技术如何被采用并逐步适应以满足特定的国内需求和社会需求，从而使日本在20世纪初成为世界一流的工业国家。这些遗迹共同代表着工业思想和专业技术，从而在很短的时间内呈现了重工业领域的自主发展，对东亚产生了深远的影响。"

标准（Ⅳ）：“钢铁、造船和煤矿等关键工业遗迹的技术组合证明了日本作为世界历史上第一个成功实现工业化的非西方国家的独特成就。该遗迹是亚洲文化对西方工业价值的回应，是一个杰出的工业科技组合，反映了日本凭借本土创新及西方科技的改良实现快速而独特的工业化。”

这个系列遗址可以称得上是日本规模最大的工业景观。

二、中国工业遗产更新设计案例实践

（一）广州信义会馆更新改造

信义会馆（图 4-3-5）位于广州市荔湾区芳村大道下市直街 1 号，与白天鹅宾馆隔江相望。其原址是广东省水利水电施工公司的旧厂房，公司并入建工集团后迁出了老厂区，厂区内拥有数座 20 世纪 60 年代建造的高大而宽敞的仓库和车间。广州市进行芳村区（今荔湾区）长堤路滨江沿岸整治工程中，对该遗产进行了保留利用与更新设计，保留了约 1.3 万平方米原有建筑，仿原有风格新建了约 5000 平方米的新建筑。会馆全园大体呈东西走向，分为南、北两个入口，内有 6 栋大型旧式厂房建筑，分三列呈东西一字形排开，厂房之间相隔十分宽阔。

图 4-3-5　信义会馆

会馆功能分区大致为文化休闲旅游区、商业会展区以及公寓酒店。该会馆以创意产业为业态主体，吸引广州最顶尖的艺术及创意领域的精英人士进驻。1300 平方米的多功能展厅，不定期地举办各类时尚、艺术、商业活动。

1. 更新设计的思路

会馆保留利用了数座20世纪60年代建造的人字屋顶大型旧厂房和旧仓库，厂房单层高度超过10米。信义会馆在改造过程中尽量维持原貌，追求旧建筑因岁月酿就的历史沧桑感。同时为了维持整个空间的纯粹，最大限度地保证明亮与宽敞，几栋建筑都保持中空，楼梯设在侧翼；室内的地面刻意地做成坑洼的水泥刷面，随意地铺上散落的麻石；用废旧的枕木来铺设地面或做地脚线；把从旧房拆下来的青砖收购回来，铺设地面与部分路面，内部则用钢梯来营造富有工业时代意味的线条美与质感；原样保留了当年刻在厂房墙上的口号以及整个区域内的83棵古榕树。

2. 对新荔湾的影响作用

新荔湾是广州市唯一跨越珠江、拥有“一河两岸”的城区，珠江江岸线总长达25千米。在计划经济时代，滨江地区的土地大多被一些大型国有企业所占用，珠江江岸线多是生产性码头、工业、仓储等。新荔湾规划以发展现代化商贸文化旅游区为目标，滨江地区以建设公共空间、发展文化旅游和商贸功能为主。珠江景观整治规划对原芳村沿江的部分旧厂房实施功能置换，重点突出文化、旅游和商贸功能。而信义会馆正是依托独特优美的自然环境和浓厚的文化积淀，为客户提供个性、时尚的展览，写字楼、会议、公寓、酒店、餐饮、娱乐及相关配套服务，发展特色文化创意产业。

会馆经过更新设计后，百年榕树、临江木栈桥、宽阔的白鹅潭水面与西关人文景观融为一体，成为广州的一个城市亮点。会馆已形成了一定规模的文化企业群，逐步建立起创意文化经济圈，2013年被评为广州市第一批重点文化产业园区（集聚区），是广州市创意产业的重要组成部分。

（二）常州运河五号创意产业园

常州运河五号创意产业园原为恒源畅厂，创建于1932年。1949年以后，恒源畅厂经过社会主义改造转变为公私合营的恒源畅染织厂。1966年，工厂转变为完全国营的常州第五棉织厂。1980年，考虑到产品的更新和丰富，再度更名为常州第五毛纺织厂。2006年，常州市在全国较早进行工业遗产普查，恒源畅厂是普查中的重要对象。2008年，结合古运河申遗，常州申报国家历史文化名城，围绕“运河文化、工业遗存、创意产业、常台合作”四大主题，通过“抢救、保护、利用”的办法，常州产业投资集团有限公司（原常州工贸国有资产经营有限公司）将原第五毛纺织厂更新与改造成运河边的创意街区，成为古运河上一道独特的风景。恒源畅厂旧址 2010 年被列入江苏省首批古运河沿线重点文物抢救工程。

2011 年 12 月，江苏省人民政府又在街区内单个市级文保建筑的基础上扩展范围，将整个恒源畅厂旧址公布为江苏省文保单位。2019 年，常州运河五号获得国家工业遗产的称号。

恒源畅厂是沿着大运河而生的中国自主型棉纺和毛纺厂。2008 年，改造为文化创意产业园区。在改造的过程中比较好地把握住真实性和完整性原则，并且把创意很好地结合起来。

1. 改造前状况

工业遗产包括 20 世纪 30 年代民族工商业主建造的办公楼、“近代工业之父”盛宣怀家族办慈善事业的老人堂、木结构锯齿形厂房等几幢民国时期典型的江南民居建筑，完整保留原厂区内的锅炉房（含地磅、锅炉、烟囱）、水塔、烟囱、纺织厂特有的联排锯齿形厂房、消防综合楼、机修车间、经编车间、医务室、食堂、浴室等建筑物；原址保留梳毛机、水喷淋空调装置、1332M 槽筒式络筒机、定型设备、印染轧机、和毛机等纺织厂的特征设备和文物资料；保留 20 世纪 30 年代股份制公司的各类资料、著名爱国将领冯玉祥题写的“恒源畅染织股份有限公司”厂名题词、清朝时期的土地交易契约、获得国家纺织工业部颁发的优质产品奖的“童鹰”牌毛毯，以及从建厂初期至今的近 7 万份史料、手稿、图书资料等。遗产占地面积 36388 平方米，建筑面积 32000 平方米，其中公益展馆 12000 平方米。

2. 完整保护厂区格局

从 2006 年开始，常州市对市区范围内的工业遗存进行了大面积的普查，大明厂的水塔、东方厂的竞园、名力厂 20 世纪 30 年代的建筑群等都进入了普查人员的视野。工业遗产普查人员在有百年历史的戚机厂内，又发现了一批老建筑，以及服役了一百多年至今仍在运转的老机器。这不仅丰富了常州的工业遗产内容，同时也是一段历史的真实记录。

《常州市区工业遗产保护与利用规划》中的普查表格，罗列了建议保留的对象，如表 4-3-1 所示。

表 4-3-1　常州市区工业遗产建筑物保护利用建议一览表

工厂名称	建厂年代	地址	工业遗产名称	遗产年代	建筑面积（平方米）	保护范围	建设控制地带	工业遗产建构筑物保护模式	保护利用方法建议		
									工业遗产建构筑物	工业地段	保护利用模式
恒源畅厂旧址（现第五毛纺织厂）	20 世纪 40 年代初期	三堡街 141 号	办公楼	20 世纪 30 年代初期	964	办公楼本体	—	修复改善	手工艺展示	三堡街工业遗产地段	创意产业园区
			厂房	20 世纪 40 年代初期	136	厂房本体	—	修复改善	文化展示		
			医务室	民国	120	医务室本体	—	整治改造	文化展示商业开发		
			厂房	1975 年	8713	厂房本体	—	整治改造	设计工坊		
			厂房	1979 年	2748	厂房本体	—	整治改造	设计工坊		
			厂房	20 世纪 80 年代	6414	厂房本体	—	整治改造	创意工坊		
			烟囱	20 世纪 50 年代初期	—	烟囱本体	—	保养维护	文化旅游景点		
			水塔	20 世纪 70 年代	—	水塔本体	—	保养维护	文化旅游景点		
			石磨	清朝	—	石磨本体	—	保养维护	文化旅游景点		

在实际项目中完全按照规划将原厂区整体格局保留，基本保留了各个时期所有工业建筑，包括原来的办公室、厂房屋架、职工浴室、烟囱、锅炉房、女工宿舍等，此外还保留了设备，并且小范围地展示设备运转，注重工业遗产的完整性。

最有贡献的是建立了档案馆，保护了 7 万件档案。2009 年，常州市档案局、市国资委、产业投资集团（原工贸国资公司）经过多次协商，决定创新理念，整合资源，联手开展工业遗存和工业档案的抢救、保护和开发。先后接收、整理破产关闭企业档案 60 万卷，征集到老照片 1100 余张，产品实物 200 多件，形成企业档案集中保管、统一开发利用的新格局。

运河五号是一个全面展示了工业遗产价值的博物馆，既保护了遗产的固有价值，同时也作为创意产业园，吸引了画家、设计者入驻，还将原有工业建筑结合保留的设备改造为餐厅、旅馆、酒吧等，提升工业遗产的创意价值。

从真实性角度评价该工业遗产改造项目，基本保留了各个时期的所有工业建筑，特别是保留了设备，并且小范围地展示设备运转。约 7 万件档案被用心地保护，并建立了档案馆。

（三）杭州中国扇博物馆

1. 改造前状况

根据改造前（图 4-3-6）的保存现状、20 世纪 50 年代的实测地形图和 20 世纪 80 年代的老照片对比推测：原西南角的办公楼依然现存，一号、二号、三号厂房原有规模比现存部分大很多，二号和三号厂房原为一组厂房，是槽筒梳棉间的局部，在 20 世纪 80 年代厂区建设中中部四间被拆除开辟为厂区道路，其南侧原有一座 2 层硬山屋顶建筑，为原摇纱间，现不存；一号厂房为清花间的局部，其北部残存了原下脚间的一面残损墙体，在 2000 年运河西岸环境整治工程中，一号和二号厂房沿河东面的数间厂房被拆除。

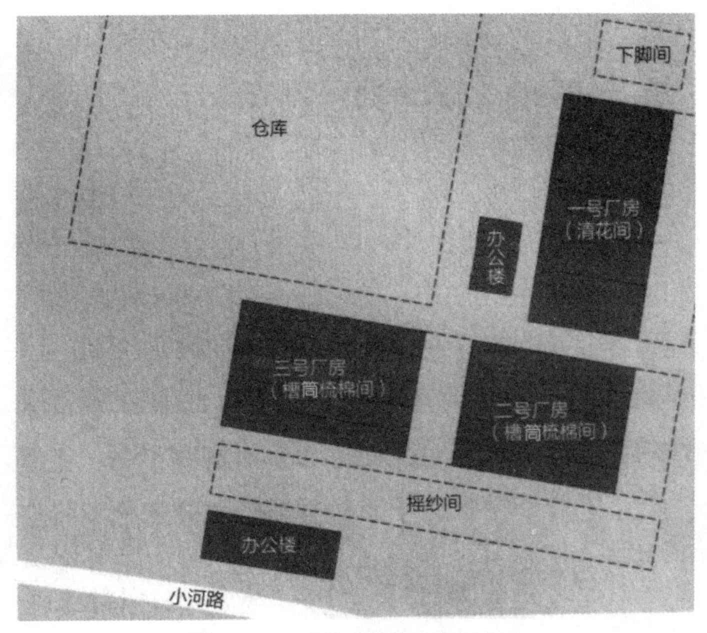

图 4-3-6　改造前的建筑空间布局

2. 更新设计的情况

根据价值评估和改造前的现状评估，杭州第一棉纺厂的遗产价值突出，具有区域的重大影响力，规模大且工业风貌较为完整，属于优秀工业遗产。厂区主要的空间格局具有一定的历史价值，是体现工业遗产的真实性的再利用设计要素，在具有充分历史依据的情况下，可考虑恢复。

第一，保护和修缮原有厂房。对于通益公纱厂旧址的修缮由杭州市园林文物局负责，按照全国重点文物保护单位的修缮规定进行了细致的保护和修缮设计。

第二，进行新的设计。通益公纱厂旧址的历史景观修复设计由浙江省古建筑设计研究院负责，通过历史考证明确了原有格局，确定修复 20 世纪 80 年代以来开发活动造成的空间格局缺损，恢复厂区的主要建筑格局。

具体操作上通过建设新的补形建筑来实现。

利用原厂房下脚间的一面破损残墙，按西南侧现存的办公楼立面建补形建筑 A；一号厂房东侧建补形建筑 B（图 4-3-7），面宽 9 米，进深与原有建筑相同，采用钢结构锯齿形屋架，与留存的厂房在形式上相同，用不同的材料区别建造的时间，与原建筑之间留 3 米左右的宽度，以减少新的建设活动对文物建筑的影响。

图 4-3-7　补形建筑 B

二号厂房东侧建补形建筑 C，具体的处理手法与补形建筑 B 相同。

在原摇纱间位置建补形建筑 D（图 4-3-8），面宽比原摇纱间窄，进深与原摇纱间基本相同，楼梯和门窗以办公楼的历史照片恢复，功能上作为新的扇博物馆的门厅和展厅。

图 4-3-8　补形建筑 D

二号和三号厂房之间建补形建筑 E，做钢化玻璃连廊，在空间形态上与原有建筑连为一体，但与原有文物建筑保持一定距离。

结合历史资料和现场调研，该工业遗产在更新设计与改造时，除了保留改造前还存在的建筑外，还通过新建补形建筑，从建筑立面、建筑形态和厂区建筑空间格局上恢复工业遗产的历史风貌，根据可识别性原则在材料上区分新建和原有部分，最终形成较为完整的空间格局，基本能让人感受到曾经的厂区规模和主要的纺织车间分布情况。

这个案例为我们展示了设计师如何依据对工业遗产价值和现状评估的结果，结合历史考证，在一定程度上恢复工业遗产建筑的主要空间格局，提高工业遗产的真实性；同时，这个案例采取的创意策划也十分成功，引入了对非物质文化遗产的展示，很好地将真实性保护和适应性利用相结合。

（四）上海 1933 老场坊

在上海 1933 老场坊的更新改造中，设计师选择了注重保护遗产风貌真实性的修复方式。更新前的建筑的主体框架保存完好，但围合立面受到较大破坏，这种情况需要进行恢复性维护，因为建造的特殊性使得无法运用原始材料进行复原，所以采用相近材料进行修复。在修复的过程中尽可能地减少对原建筑的破坏，对于建筑后期发展过程中表面装饰的粉刷层采用剔除、清洗的做法，运用与之相近的材料对破坏和残缺的部分进行修补。而对于砖石等永久性的材料，只对其表面的污染痕迹和有害物进行清洗，金属构件的修复则采用焊接、铆钉等进行二次加固，其中所选用的金属材质的肌理质感应与原始材料接近。

设计师首先要恢复其最为真实的历史风貌，去除建筑表面粉红色的水性涂料，按照图纸所示进行修复，体现出原有墙面自然打磨的形式，然后喷上一层浅浅的灰色涂料，以增强建筑的整体感和体量。同时，严格按照历史图纸恢复建筑原有的门窗和立柱的形体。这种改造方法主要专注于对原建筑形态的再现，通过技术手段将建筑尽可能地恢复到初建时的状态。这种方式使得建筑再造的肌理与原始状态接近，主要展现建筑物最具特点的历史状态。其主要体现的修复原则有如下几点：

①在对建筑外形上的复原要以史料为依据，做到近乎苛刻地恢复原貌。

②对于建筑立面原始构件的复原，可采用现代材料加工成原始构件的形状和尺寸，力求其表面肌理与原始状态相一致，再造的肌理应与原物无视觉上的差异。

（五）上海四行仓库抗战纪念馆

原状保护分为一般修缮（进行一般性保养和修复）、原状修复（采用近似材料按原型进行修复）和现状维护（对破损处不修复，采取措施提高历史材料的耐久性）。无论具体采取的是哪种方式，其目的都是保护反映遗产价值真实性的外立面原状。

对于遗产价值突出、保存完整的优秀工业遗产，保护工业遗产的真实性需要保护建筑的外立面原状。由于改造前改造现状的差异，在具体实践中，设计师会面临注重保护外立面材料真实性或风貌真实性为主的修复方式选择。

以下通过上海四行仓库抗战纪念馆的保护设计过程，探讨优秀工业遗产如何保护建筑外立面的原状，保护和提升遗产历史价值、科学价值和美学价值的真实性。

1. 项目简介

上海四行仓库抗战纪念馆，由原上海四行仓库改造。1931 年，由上海金城银行、中南银行、大陆银行、盐业银行合组的“北四行”联营集团，开设四行储蓄会，兴建四行仓库。1937 年淞沪会战的末期，蒋介石命令上海市区所有军队撤出，只留第八十八师留守于原上海英租界西侧的四行仓库，10 月 27 日夜至 11 月 1 日凌晨，谢晋元守军依靠仓库坚实的体量和居高临下的位置优势，打退日军多次进攻，后奉命撤退入英租界。1980 年之后，四行仓库曾作为家具城、文化礼品批发市场、创意商业办公使用。1994 年公布为上海市第二批优秀历史建筑，2014 年公布为上海市文物保护单位。2015 年为纪念世界反法西斯战争胜利 70 周年，将其改造为抗战纪念馆及生态办公社区。

2. 遗产价值

四行仓库作为彰显民族和国家精神的抗战纪念地，西立面的弹孔（图 4-3-9）成为抗战鲜活的证据，现代主义建筑风格，原有立面比例层次得当，设计简洁富有装饰感，细部装饰造型精美，局部呈现出装饰艺术风格。建筑整体风格统一，室内的无梁楼盖及柱帽具有工业建筑的美感，具有很高的美学价值。建筑平面布局紧凑、结构选型先进科学，具有较高的科技价值。

图 4-3-9　弹孔

3. 改造前状况

四行仓库在后来的使用过程中，经过了多次外立面粉刷。从 2015 年的那次改造前的状况看，原建筑体量在天井封堵，加建 6、7 层后已经发生较大变化，外立面原有的粉刷和装饰已不存。

4. 根据价值和现状，保护具有价值的绝大部分外立面的原状

从价值和改造前现状评估的结论看，四行仓库的遗产价值突出，具有区域的重大影响力，工业风貌较为完整，属于优秀工业遗产。其建成初期的建筑外立面具有很高的遗产价值，是体现工业遗产真实性的再利用要素，应该被恢复和保护。但由于各个立面具体体现的遗产价值和现状存在差异，设计师选择了同时注重保护遗产材料真实性和风貌真实性的立面修复方式。

四行仓库的外立面在不同的历史时期经历了几次较大的变化，根据价值评估可知，其建成初期，也就是 1937 年左右的外立面最能体现其遗产价值。在四行仓库保卫战中，四行仓库的西立面外墙遭到炮弹的严重破坏。西立面是此次外立面改造设计最重点的立面，希望能够最大限度地体现中华民族抗战和国家精神的历史价值，设计团队为此提供了四个参考方案。

方案一：1937 年抗战纪念墙（弹孔复原墙）。经过对西墙墙体内侧部分抹灰的清除，探明墙体砌体为红砖和青砖，红砖之间的砂浆强度高于青砖之间的砂浆强度，同时将这局部与淞沪会战后 1937 年西立面历史照片的相同位置对比，发现青砖部分位于战后修补的位置。在上述现场取样测试西墙弹孔痕迹留存的前提下，通过 1937 年淞沪会战后的西墙历史照片复原图，分析西墙的弹孔破坏类型，

针对不同破坏类型制定不同的复原方法。对于墙体留下的穿透性破坏孔洞，修复穿透炮弹孔洞，内衬深色玻璃；对于因战斗使墙体抹灰震落而外露的结构框架，保留抹灰层的断面轮廓，修复加固；对于未被炮弹穿透但因破坏暴露的砖墙，保持暴露的清水砖面的效果，修复砖墙面；对于保留了弹孔凹坑的墙面，修复加固，内侧封砖墙。选择保留四块较大面积的炮弹穿透孔洞，内衬深色玻璃，其他破坏分别以上述相应的方式修复。

方案二：恢复 1937 年站前建筑西立面原貌。以历史图纸和历史照片为依据，原样修复淞沪会战前的西立面，用米灰色水泥抹灰作为西立面的表面材料，并恢复淞沪会战前西立面上的仓库名称。

方案三：警钟长鸣。在西立面打开倒梯形缺口，象征插入的倒三角形“利刃”，露出建筑的部分结构，使成长于和平年代的当代人感受“战争利刃”的威严与肃穆。

方案四：艰难历程。战争期间，山河破碎，将此意象反映在西立面上，形成 14 条折痕，反映上海自淞沪会战到反法西斯战争胜利的 14 年中，上海人民所经受的苦难和顽强的抵抗精神。

最终，经过专家的论证，认为方案一历史依据充分，对西立面各个时期的情况做了对比，最后确定 1937 年四行仓库保卫战后留下炮弹损坏痕迹的西立面能够最直观地反映和突出遗产的历史价值和民族精神，将方案一作为实施方案（图 4-3-10）。

图 4-3-10　西立面方案一效果图

（六）成都“东郊记忆”

成都东郊是成都市区内创建最早、规模最大的工业区域，电子、信息、电力等诸多行业两百多家中央、省、市属企业及科研单位在这里发展，曾经是中国电子工业基地的标杆。“东郊记忆”的前身成都国营红光电子管厂曾为东郊工业区的发展壮大做出了不可磨灭的贡献。红光电子管厂是20世纪50年代苏联援建的重点工程，是我国第一批生产黑白显像管的企业。随着2001年成都市东调政策的发布启动，东郊工业区企业随之迁移，东郊老工业基地的去留问题悬而未决，“东郊记忆”作为计划经济时期工业遗存，不仅留存着当年苏联援建的办公楼，还留存着20世纪90年代初修建的诸多建筑，其中包括讲究效率的多层厂房、极富观赏性的红砖厂房在内的各类厂房和极富工业符号感的各类构筑物。

2009年成都市颁布的文化创意产业发展规划文件，确定以红光电子管厂遗址为对象进行以文化创意产业资源整合为目的的改造，文化创意产业的发展赋予红光电子管厂新的生机，留住了城市记忆的同时保护了现代工业遗产。“东郊记忆”目前已成为四川省首批重点文化企业、旗舰企业和四川省文化产业示范基地。

成都“东郊记忆”（图4-3-11）由最初的东区音乐公园转变成如今的以工业遗存保护和文化创意相结合的文化创意园区，由东郊工业遗产八景、成都舞台、东郊记忆馆等组成。

图4–3–11 成都“东郊记忆”

“东郊记忆”的更新，首先十分注重产业发展和商业业态。“东郊记忆”致力发展以音乐产业为主导的文化创意产业，与成都传媒集团、四川移动等运营主体合作，为园区吸纳众多音乐家参与和音乐公司入驻，并形成了成熟的产业链。音乐产业的快速发展又拉动了数字音乐制作、展览演出、表演艺术、音像出版、摄影以及新媒体等相关文化创意产业的发展。目前“东郊记忆”拥有 18 个主题鲜明、功用齐全的中小型表演艺术场地集群，规模达到成都市乃至整个西南片区之最。中国移动无线音乐基地经常举办新歌发布会、音乐独立制作、明星见面会、听友会等商业活动，目前其商业合作对象超过 1400 多个，包括百度、搜狐、腾讯等在内的网络企业巨头，以及索尼、华纳、百代、环球在内的世界四大唱片公司。

其次，十分注重景观改造方式。原有工厂的高大厂房、管架、烟囱、装卸平台等工业构筑物，通过再设计采用加置、减略、分隔、装饰的等技术手段进行改造。跨度 24 米，层高 16 米的大车间被改造为影院和剧场，半成品堆放场被改造为参照威尼斯圣马可广场而建的中心广场——成都舞台。废旧机床、玻壳半成品、废旧罐体、管道等全部被改造成装饰类的艺术品，工厂里的推车也被改造成盛放鲜花的花坛。

最后，在活动运营方式方面，利用“东郊记忆”的表演艺术场地资源，开展兼具多重效益的商业活动合作形式，引入了大量优秀的演出团体和人才。与四川音乐学院、四川传媒学院、中央戏剧学院等知名艺术高校深入合作，同时也与四川省歌舞剧院、四川省人民艺术剧院、孟京辉戏剧工作室等知名文化院团保持良好关系，实现互利共赢发展。“东郊记忆”的文化活动形式多样，包括各式各样的展览展会、时尚品牌发布和国际演出，年均超过 1200 场，其中影响深远的品牌文化活动每年高于 100 场次。

（七）景德镇陶瓷工业遗产博物馆

景德镇是著名的瓷都，2012 年 2 月开始工业遗产保护总体策划，景德镇市委、市政府邀请清华同衡遗产保护与城乡发展研究中心对景德镇老城、景德镇工业遗产保护进行保护设计。

陶溪川景德镇陶瓷工业遗产博物馆是厂区规模最大的建筑，起到统领整个园区的作用。

工业遗产博物馆的设计忠实地体现了 20 世纪中叶旧厂房工业建筑的原风景，保留了独具特色的锯齿型、人字型、坡字型厂房，高耸的烟囱、水塔，不同时代的老窑炉、锅炉房、各种工业管道，以及墙上的老标语、口号、青苔等。标志性的双坡屋面和周边高耸的烟囱形象十分鲜明。博物馆西侧紧邻厂区的主要干道，宽阔的道路两侧保留瓷厂早期的高大树木，充分反映场所的历史感。历史感是通过细节表现的，在设计前期建筑师对原建筑撤换下来的外墙砖和窑砖进行了细致的收集与甄别，按照尺寸和色差分类整理，有的被用在环境铺装中，有的被用在建筑外墙砌筑中，恢复原有砖花窗样式，同时新、旧砖的交替对比使建筑立面能够充分展示出时代的印记。屋顶的设计采用老的机瓦材料，构造设计保温层、防水层，在屋顶排水设计上最大限度利用原建筑排水沟，重新计算扩大排水量，满足现代设计规范及节能要求。在陶瓷工业遗产博物馆里，尽量保留原有的生产工艺特征，地面保留原有生产线的车辆轨道，原“宇宙瓷厂”的各式设备、窑炉、瓷器，甚至各类纸质档案，都尽力保存。设计者首先尊重原有建筑的真实性，在此基础上再进行创造。

陶溪川景德镇陶瓷工业遗产博物馆是一个关于工业遗产改造多方面获得成功的案例，2017 年获得联合国教科文组织亚太遗产创新奖，颁奖词这样写道：“基于遗产保护的最少干预原则，改造选择的改进型现代工业美感呼应了 20 世纪中叶旧厂房工业建筑的形态和气息，制造出柔和的背景，而将各时期的窑炉遗存置于舞台中心。当代材料的色调组合与原本砖结构的并置，创造出戏剧性的反差。新的设计不仅尊重原先工厂的形式和尺度，也创造了与著名陶瓷生产设备的全新对话方式。”

第五章　中国工业遗产在新时代的发展

工业遗产的利用，要根据非物质价值的不同属性，采取不同策略。从事轻工业的工业遗产在改造利用时，要充分保护与利用其传统文化与人文精神，可发展旅游观光、文化创意等第三产业；对于从事重工业的工业遗产，主要保护与利用其科技创新的能力与较高的生产效率。在此，本章对中国工业遗产与其他产业的结合进行了分析。

第一节　中国工业遗产与其他产业的结合

一、利用工业遗产开展工业旅游

（一）工业旅游概述

工业遗产旅游既是工业旅游的一种，又属于文化旅游中的遗产旅游（heritage tourism）。工业是以生产活动为主的第二产业，旅游是以服务活动为主的第三产业，工业旅游作为工业与旅游的结合，是一种既服务于普通消费者又服务于工业生产的第三产业，与一般的旅游类别有显著差异，在很大程度上附属于第二产业。工业旅游是工业文化在产业上的一种体现，具有独特的文化内涵。在已有的中文学术成果中，学者一般关注工业旅游的模式与对策，并多结合具体案例展开个案分析。工业旅游是工业文化的产业延伸与外在体现，应从基础理论的角度研究其文化内涵。这种工业文化理论研究，对应旅游哲学研究中的真、善、美命题，是对工业旅游本质意义的探讨。工业遗产旅游在工业旅游中属于较特殊的类型，其文化属性较之经济属性更为突出。结合了文化性与经济性的工业旅游，可以真正做到让工业文化遗产寓保护于利用。

目前，国内学界对工业旅游的定义尚未达成一致。有学者指出，工业旅游可从四个方面加以界定：①工业旅游是产业旅游的一个重要分支，是对旅游资源深层次的开发；②工业旅游以工业生产场景、科研与产品、历史与文物、企业管理和文化等工业资源为吸引物；③工业旅游融工业生产、观光、参与及体验等于一体，满足游客好奇心和求知欲等需求，同时是实现企业效益最大化的一种专项旅游活动；④工业旅游是在工业遗址上发展旅游业，是以工业考古和工业遗产的保护和再利用及促进产业结构调整和经济转型为目的的新的旅游方式。这一界定非常全面，但其第四个方面专门强调工业遗产是工业旅游的基础，既与现实中的工业旅游实践情形不符，又与其界定中的其他几个方面存在着逻辑上的冲突。

从本源上看，旅游是由旅游者、吸引并接待其来访的旅游供应商、旅游接待地政府、旅游接待地社区以及当地环境等所有各方面之间的关系与互动所引发的各种过程、各种活动及其结果。旅游者或游客作为旅游的主体，是旅游的核心要素之一，被《韦氏词典》定义为"为了愉悦或文化而旅行的人"。这一定义从需求与动机的角度阐明了旅游者的身份，也暗示了旅游者和因工作等目的而出行的旅行者是有区别的。旅游者是旅游活动的中心，旅游的其他核心要素都围绕旅游者展开。为了完成旅游活动，旅游者必须造访一定的目的地，至于旅游者以何种方式抵达目的地，在目的地参与何种活动，其活动产生何种结果，都附属于旅游者与旅游目的地之间发生的关系。因此，旅游目的地是旅游的客体，旅游者与旅游目的地组成了旅游的基本架构，旅游的其他要素皆在这一主客体相依的架构内存在与变化。就此而论，工业旅游的显著特征在于其旅游目的地具有明确的属性范围，即一切与工业有关的场所，无论该场所是仍在生产的工厂车间，还是已经成为遗迹的废弃厂房。换言之，工业旅游可以简单地界定为以工业场所作为旅游目的地的专项旅游。

以工业场所作为旅游目的地，是工业旅游得以确立为一种独立的旅游类别的特性。此处所谓工业场所既包括工业现场，又包括工业遗址。工业现场与工业遗址不过是不同时间阶段的工业活动在空间上的不同体现。工业现场承载着正在进行中的工业活动，工业遗址则是已经发生过的工业活动的遗存。有学者将中国的工业旅游资源类型划分为工业企业、现代工业园区、创意产业集聚区、行业博物馆和工业遗产这 5 种。实际上，从旅游资源的角度看，工业旅游应分为 4 种类型，即工业企业旅游、工业园区旅游、工业遗产旅游与工业博物馆旅游，前两者主要发生于工业现场，后两者则更多地发生于工业遗址。工业企业旅游是指参观单个企业的工业旅游，一般能够深入企业的车间等生产现场，了解产品的具体制造过程，在时间充裕的情况下，对所参观的特定企业的历史、文化与现状能够有充分认识。工业园区旅游是指参观整个工业园区的工业旅游，是工业企业旅游的扩大与升级，其基础仍然是对单个企业的参观，但在单位时间内参观的企业数量有所增多，并能对企业聚集的工业园区有更多认识。工业遗产旅游是指造访各类工业文化遗产的工业旅游。已开发的工业文化遗产的形态多种多样，有的会被改造为博物馆或艺术馆，有的会转型为创意园区，有的会被保留为单纯的社区地标，还有的会被开发为商用办公楼。而无论工业遗产被怎样开发利用，只要是到工业文化遗产所在空间内进行参观游览的活动，都可以视为工业遗产旅游，但其目的与形式则依工业文化遗产利用的类型而存在差异。工业博物馆旅游是指参观各种类型工业博物馆的工业旅游。工业博物馆的种类很多，既包括由工业遗产改造成的侧重历史的博物馆，也包括在现代化的建筑里展示工业技术的博物馆。尽管博物馆一词给人以历史感，而且很多工业博物馆就是在工业文化遗产的基础上建成的，但工业博物馆与工业文化遗产是两种不同的事物，工业博物馆旅游也是一种独立的工业旅游子类型。由于工业旅游资源类型的复杂性，对工业旅游种类的划分也不可能是绝对精确的。例如，青岛啤酒博物馆既是工业博物馆，又是工业文化遗产，还毗邻着可以参观的现代化生产车间，去青岛啤酒博物馆参观游览就同时具有多种工业旅游的性质。因此，不管现实中具体的工业旅游活动可以被细分为何种形式，工业场所都是其核心要素，是其存在的基础。工业旅游的类型，如表5-1-1所示。

表 5-1-1　工业旅游的类型

类型	主要内容	主要发生场所
工业企业旅游	游览单个工业企业	工业现场
工业园区旅游	游览多个工业企业聚集在一起的园区	
工业遗产旅游	游览历史上工业企业或园区留下的工业遗产	工业遗址
工业博物馆旅游	游览以工业为主题的博物馆	

工业旅游是一种文化旅游。文化旅游是指去体验某些地方和活动的旅游，这些地方和活动能真实反映过去和现在的人和事，包括历史、文化和自然资源。不过，与一般类型的文化旅游不同的是，工业旅游的旅游目的地即工业场所承担着非旅游的功能，在大多数情况下，工业场所并不以旅游目的地作为其本质属性。在前文划分的工业旅游的4种类型中，只有工业博物馆旅游的场所是较为纯粹的旅游目的地，而工业文化遗产既可能被改造成专门的文化旅游目的地，又可能还承担着非旅游目的地性质的功能，如创意园区、商务办公场所等。至于工业企业和工业园区，则其主要职能是工业生产，提供旅游空间只是其附带的功能。工业场所在绝大多数情况下是工业生产活动的空间，承担着工业经济的职能，只是附

带具有开展旅游活动的可能性。以工业场所作为旅游目的地的工业旅游，也就只能是一种附属于工业的文化旅游，工业本身的发展与需求对工业旅游具有决定性的影响。

工业旅游作为第三产业，却附属于第二产业，这一性质很容易从常识角度加以理解。从旅游要素的角度说，一般情况下，旅游供应商都是专职的，文化旅游的供应商也不例外。譬如，在文化旅游中吸引游客造访的自然风景区、博物馆、文化街区等，都是专门提供旅游服务的。但是，在工业旅游中，除去工业博物馆和博物馆类型的工业文化遗产外，其他类型的旅游供应商都只是在从事工业活动之余提供旅游服务。于是，相关的旅游活动在场地、时间、游客接待数量、游览内容等方面都受到工业活动的制约，要服从作为主业的工业活动。这就不难理解，不少工业旅游供应商因为害怕旅游活动干扰工业生产，提供的旅游产品规模有限，甚至有的工业旅游供应商会暂时或永久取消旅游项目。一本西方的旅游学教科书指出，当参观工厂或企业成为一种适宜且令人愉悦的经历时，旅游机构就应该鼓励这种工业旅游，“应该保留这种能够提供工业旅游的工业组织和机构的名单”。言下之意，能够提供工业旅游服务的组织和机构是颇为特殊的，具有一定的准入门槛和实施条件，必须专门登记在案。以中国的现状来说，工业旅游虽然早有提倡，但一直局限为一种小众的旅游类型，吸纳游客数量有限，也未在国家文旅事业的最高级别政策中有所反映，其重要原因即在于工业旅游特殊的性质。一方面，作为一种附属于第二产业的第三产业，工业旅游很难实行一般性的服务业政策；另一方面，工业旅游的附属性也使其很容易被作为旅游供应商的工业主体主动加以限制。因此，工业旅游的性质决定了其发展的困难，要求在工业与旅游之间建立起和谐的关系；必须构建工业旅游的价值体系，工业旅游的内在价值源于工业文化。

（二）做好旅游路线规划

只有将文化遗产视为一种产业，遗产旅游这一概念才具有存在的可能与价值。世界旅游组织将遗产旅游定义为“深度接触其他国家或地区自然景观、人类遗产、艺术、哲学以及习俗等方面的旅游”。有的学者则将遗产旅游归入了特色旅游（special interest travel）的范畴之内，其旅游的范围包括参观物质历史遗迹、游览自然景观和体验本地的文化传统等。对遗产旅游来说，旅游体验极为重要，这一点是和旅游者动机紧密联系在一起的。有学者指出，遗产旅游的旅游者动机即人们认为应该了解文化遗产的主要原因，可以归为三类：确定现实生活中的方向、纯粹的兴趣与好奇心以及把握未来。实际上，这三类动机相对应的也是文化遗产作为集体记忆，对于人类的价值。所谓遗产旅游，就是要尽可能挖掘文化遗产的价值，并转化为可以满足旅游者动机的商业化产品。那么如何转化呢？具体来说，可以从以下几方面展开。

1. 打造良好的景观环境

多样性的广场设置可增加城市公共空间，增进人与人的交流互动，城市绿地系统的更新打造能改善城市环境，净化空气，营造更舒适的场所氛围，让人置身其中，心旷神怡。建筑在更新过程中应注重场景氛围的营造，内部通过规划设计手法的有效运用形成合理有序的空间脉络。很多工业遗产虽然具有较好的自然环境和资源禀赋条件，但现实中存在的生态遗留问题亟待解决。

长时间跨度可改变事物且影响其延续记忆。场所事件的发生不仅考虑人与人之间的相遇，也包括生物之间的相遇，如树、植物、昆虫、动物等。无论是建筑还是景观作品，最终目的都是试图要保留真实或存在于遗迹中的事迹，通过做减法更新，保护场地元素，尽量塑造自由空间以培养其新的故事，并探究它的访问者使用这些空间所带来的正面影响。首先，工业遗产景观更新中要保护标志物，同时注重“母体”的保护，留住场所事件记忆、传承历史文脉、保持地域特色。在保护“母体”的过程中要做好建筑遗产的分级分类保护工作，让工业遗产核心区遗址群继续充当该场所的“母体”角色，在保护文物建筑与高价值历史建筑的同时，拆除破败低价值建筑物与构筑物，为更新腾出新的发展空间。延续“母体”地位的同时也需要应对新时代发展做出改变，科学处理好建筑、景观与环境的关系，做到人工与自然浑然天成。这样的构建能够增进人在场所的体验，更好地解读场所事件，理解场所精神，增进人与场所融为一体。

此外，建设时空绿廊也是十分必要的，景观处理上互动性、动态性、参与性三者有机结合。在更新中提升景观地位，通过景观生态修复重塑工业生态本底。通过建立道路廊道，采用绿化道路和林带相结合的方式，沿道路两侧设置植被廊道，增加连通性有利于野生动物迁徙。生态修复和自然保护是可持续发展的基础，尽可能地减少对环境与资源的破坏和影响，多利用新能源；限制污染大气、水系和土壤，利用资源环境使人与自然和谐相处。在景观设计中亲民化，加强居民的归属感和自豪感可对生态保护进行反哺。比如，合理打造广场、绿地系统与景观环境，可增进游览纯步行系统的趣味性、宜人性与丰富性，让漫步其间的人可随时随地自由自在地享受慢时光、轻生活，回归自然、物我合一。

2. 做好特色游览交通规划

通过完善交通体系，打造纯步行系统，梳理出带有明显标识系统和文化属性的游览小径。在空间功能完善后，串联起游览路线中的文化小径。做好特色游览交通规划，打造不同层级、不同线路、不同景观与场所事件体验的观光路线。比如，对于一些矿区而言，在进行工业旅游规划的时候可以设计这样三条路线：一是蒸汽机车游线，即以入口为起始点，经过核心体验区、公园等，一路顺延到达某一休闲处止。二是小矿车观光游览。三是空中绞车游览路线。以生态休闲服务板块为主，通过乘坐绞车以十分亲近自然的方式沉醉于大自然美景中，放松身心，洗涤满身尘埃，然后重新出发。

3. 构建分级分区步行体系

纯步行体系的构建可满足工业遗产对人气与活力的诉求，构建纯步行体系可以增进人与人的交流互动，让时光慢下来，让人与人、心与心的距离缩短，与此同时也能促进人更好地融入场所，理解场所与事件，置身其中，让人有更多的参与感、获得感和满足感。

构建纯步行体系首先要科学设计生态公路，防止水土流失破坏山体，保护植被与山体；顺山顺水，增加路网景观之间的美感，保护植被水系和景观；路网人性化，增设景点观赏和休憩；保护路旁植物带，增加植被带过滤，保护水质，减少排水冲刷，提高道路交通的安全性。保持植被绿化，路面径流得到汇集和净化；保留水系堤岸，堤岸植被，若建设生态廊桥则需保证野生动物能自如穿梭于廊洞和廊桥。为减少影响，使用透水性材料，增加雨水渗透，减少地表径流从而减少水污染，构建污水排污管道；建筑材料要充分利用，重复使用，减少浪费和垃圾填埋。生态公路在原有交通基础设施上提供其他模式，保持环境监测，建立完整的智能化环境质量指标和监测系统，智能传感器的标准化和网络电子的简化使之成为可能。参照生态公路设计要以雨水管理为特点，雨水管理设计包括生物洼地的设计以及两旁人行道和自行车道的排水系统和渗水路面材料。参照生态公路建设标准，打造登山漫步道路和封闭区域内的人行道，提升道路交通安全属性和实用性。

旅游路线的组织串联丰富了游览路线的可选择性，分区建设生态步行道路可增进游览路线的趣味性和场所步行体验感。

4. 规划景区停车场

整个区域分为开放式和封闭式路线，将车停在场地外能保证内部空间合理做到人车分流，打造完整的分区纯步行系统，与此同时，合理解决景区外部停车问题。为此，需要合理布设好足够多的停车场，要有留白思想，预留出足够多的空地以备不时之需。

5. 制定展览路线

保护非物质遗产，在厂区中规划展览路线，是展示工业遗产价值的方式之一。在厂区中规划出展览路线，一方面，不能影响厂区的正常生产和生活；另一方面，要与工业遗产的内涵相契合，展览路线应体现工业遗产的核心价值。

一是保证路线不交叉。展览参观路线与工业生产路线不能交叉，并且分别设置厂房的参观出入口和货物的运输出入口。

二是展览路线要尽量展现工业生产的全过程或关键过程。这种方式使参观者对该工业遗产能够有更深刻的认识，因此，展览路线应串联重要的工业遗产中的代表性厂房和建筑物。以厂区中的展览馆、文创中心作为参观路线的开始或结尾，使参观者对工业遗产有更加清晰、全面的认识。

6. 设立展览馆

（1）展览馆设计

工业遗产的展览馆是对企业和其工业遗产的双重展示，所以一般设置在厂前区内，邻近厂区的主入口和主要的办公区。展览馆宜采用企业内废弃的工业厂房或者重要的工业遗产进行适当的改造和功能置换，若厂区内条件不允许，则可新建博物馆。若使用重要的工业遗产改造为展览馆，则应严格遵守工业遗产的保护更新原则，在此基础上进行适当的改造和更新。若需使用废弃的厂房或新建博物馆，应遵循厂区内工业遗产的风貌管控原则，既要体现工业遗产的风貌、工艺等特点，又要体现企业的良好形象，与周围和谐统一。

（2）展览内容与方式

工业遗产的展览内容既要体现工业遗产的优秀文化，也要体现企业的成绩与贡献，要将两者有机结合。展览内容主要包括企业的发展历程、历史资料、照片、工业遗存；重要的生产器械、生产工艺；企业现状、企业所取得的成绩与荣誉、企业的优秀代表人物和先进事迹、企业的精神与管理创新模式等方面的内容。

展览方式包括实物展览、数字化虚拟展览和体验式展览三种方式。实物展览主要是展览相关的文字，历史年代纪实表、代表人物、事迹和重要的历史遗存；具有一定代表性的生产设备和工业产品实物或其模型；企业现有厂区的沙盘模型、荣誉奖章、证书奖杯等。数字化虚拟展览主要展览相关的影音资料，通过数字化手段虚拟复原被破坏而无法存在的工业遗产，以及重要的工业生产的过程，并通过 AR、VR 和 4D 放映等相关技术手段呈现出来。体验式展览是在展览馆内设置一定的区域，以实景呈现和情景模拟的方式展览工业生产的全过程或工业生产中的关键步骤技术，同时对于部分轻工业的工业遗产，如酒品酿造、造纸、手工制造等行业，可以让参观者参与到工业生产的过程中，亲自体验工业产品的制作。

7. 组织文化教育活动

工业遗产所属单位，可定期举办各类文化活动，包括文化节、购物节、展销会、集市、旅游开放日等活动，以及相关技术和职业技能竞赛、学术宣讲活动和科普活动等。通过多种媒体渠道和形式传播信息，加强对工业遗产多重意义和价值的宣传，提高大众对工业遗产的认知水平、认同感和自豪感，增强对其保护的主动性。

同时，成立工业文化艺术创作中心，出品相关工业文创产品和衍生品，大胆创新出与工业遗产主题相关的业态模式和活动，充分挖掘工业遗产的价值。

工业遗产的保护，不能只停留在对传统技艺和优秀的企业文化的保存、建档，将其尘封于档案馆之中，而是应该让其走出来，不能紧紧停留于企业内部自身，而应当让其他企业和大众了解工业文化，所以强化工业遗产的展示教育功能，以多方式、多途径地向大众展示，让大众认识、了解并重视工业遗产。

（三）案例 1——发展的上海工业旅游

目前，中国的工业旅游尽管已经发展数十年，但仍属于一种较为小众的旅游。在各地工业旅游产业中，上海独树一帜，探索出了较为成熟的模式。上海工业旅游的兴起，既与该市的产业结构变动有直接关系，又离不开企业家精神的发挥，是政府充分利用社会资源与社会力量的产物。

2005 年 5 月 11 日，上海工业旅游促进中心正式成立。该中心作为推动上海工业旅游的骨干组织，与上海老厂房的改造利用有深厚渊源，而企业家鲍炳新在其中起到了核心作用。鲍炳新于 1956 年出生于上海一个职员家庭，大学毕业后进入政府部门工作，1992 年开始下海经商，出任上海尚发实业公司总经理，该公司业务较为多元。1998 年，鲍炳新创立上海华轻投资开发有限公司（简称“华轻公司”），建设了上海市首家居住区商业中心华轻梅陇市场，标志着鲍炳新事业的新开端，此后，鲍炳新主要从事“非住宅地产”行业。鲍炳新在回顾其创业历程时这么说：“我们搞的不是简单的商业，实际上我们从事的是非住宅地产开发与管理，通过资产运作，盘活存量资产，实现收益的最大化。”地产行业最重要的要素就是土地资源，而工业文化遗产或一般意义上的工业遗址、废旧厂房等工业遗存，也以土地为其最重要的资产。因此，从事非住宅地产行业给了鲍炳新接触工业遗存的潜在契机。

上海是中国工业的发源地之一，近代中国工业企业大部分聚集于上海，中华人民共和国成立后，上海工业依旧保持着蓬勃发展的态势，无论是成套发电设备的制造，还是服装鞋帽等日用消费品的生产，上海均在全国处于前列。改革开放后，随着整个中国工业化的大规模扩展以及各种要素的重新分布，中国的工业地理被重构，上海的产业结构和城市定位亦开始转变。不仅市区内的弄堂工厂等具有上海特色的小型工业企业越来越难以生存，就连一些大型国企也不得不迁出中心城区，把土地让给更具收益的第三产业。在这种局部去工业化的大形势下，上海出现了一大批丧失工业功能的老厂房等工业遗存，为工业遗产产业的兴起创造了宏观环境。鲍炳新的事业轨迹也符合上海城市功能变迁的大趋势。在梅陇市场取得成功后，2001 年，鲍炳新的华轻公司与华美无线电厂合作，承租该厂位于老沪闵路的厂区，创办了华轻工业园。此举符合当时上海市在中心城区发展都市工业园的规划。次年，上海市工业开发区协会成立，华轻公司成为首批会员，该协会后来改名为上海市开发区协会。值得一提的是，以社会力量为主体组建协会这样的社会组织，是政府利用社会资源的重要工具。在各种行业性的协会未与政府完全脱钩前，政府官员通常会在一些协会里兼任职务，使协会成为政府与企业沟通的桥梁，也方便政府利用企业实现政策目标。因此，华轻公司成为上海市开发区协会会员，对于鲍炳新此后打造替政府承担社会服务职能的平台，具有重要意义。

上海市工业开发区协会改名为上海市开发区协会，这一名称的改动，反映了在上海的中心城区发展都市工业，仍然很难适应 21 世纪初上海产业结构急剧变动的大趋势。2003 年 4 月 24 日，上海华轻投资管理有限公司成立。4 月 26 日，经上海市经济和信息化委员会（简称“上海市经委”）综合规划室主任、市开发区协会秘书长夏雨提名，鲍炳新担任协会副秘书长。5 月 18 日，在上海市经委工业区管理处处长马静的安排下，鲍炳新与上海汽车制动器公司代表在西郊迎宾馆就租赁建国中路 8 号上海汽车制动器公司老厂房一事谈判。6 月 30 日，双方签订协议，鲍炳新接手建国中路 8 号，筹建上海产业咨询服务园。这是鲍炳新正式进入工业遗产产业的开端。此前，鲍炳新虽然介入过华美无线电厂的老厂房，但其创办的华轻工业园，仍然归属于工业活动。然而，鲍炳新对于建国中路 8 号老厂房的利用，就完全脱离该厂房原本所属的制造业领域，进入了服务业。当年 7 月 15 日，上海市工业开发区招商服务中心成立，8 月 4 日，上海（国际）产业转移咨询服务中心成立，12月25日，上海产业咨询服务园、上海（国际）产业转移咨询服务中心与上海市工业开发区招商服务中心举行揭牌仪式，这就是鲍炳新的“一园二中心”。同日，鲍炳新与时尚生活策划咨询（上海）有限公司总经理黄瀚泓签订合作协议，共同开发建国中路8号老厂房。对于老厂房改造利用的战略方向，鲍炳新选择了创意产业，他曾言：“中国的制造业无疑已经成为龙头，创意产业却凤毛麟角，我们需要更多的原创精神，才能为工业发展持续提供最新鲜的养料。”这一想法符合利用文化为工业提升附加值的工业文化观。不过，在当时的上海，改造老厂房发展创意产业具有开拓性，面临较大的不确定性。在人们对“创意产业”为何物都缺乏认识的年代，将老厂房改造为创意产业园却需要通过20余个部门审批，政策风险显而易见。但鲍炳新依据国际工业文化遗产利用的已有经验，相信在中国发展创意产业具有必然性，毅然决定按其设想动工改造。正是在这一点上，鲍炳新的企业家精神发挥了作用。从2004年3月开始，建国中路8号老厂房按照日本设计师的设计进行改造。据记载，当年7月22日，时任上海市经委副巡视员的夏雨打电话给鲍炳新，称：“制动器公司老厂房化腐朽为神奇，改造得很有品位。此事应对市经委综合规划室蒋玮同志，由他负责协调推进。我也会帮助推动，并请市领导来园区调研。”此后，上海市副市长胡延照专程去现场调研视察。来自政府的支持无疑减少了老厂房改造所面临的风险，并使上海的创意产业得以诞生。

2004年8月，在上海建国中路8号园区，经中共上海市卢湾区委副书记丁梅淑、副区长江小龙、区经贸委主任吴荷生等人与鲍炳新及黄瀚泓进行讨论，决定将园区定名为“8号桥”。10月14日，作为“2004—2005中法友好年活动”之一的“法国文化在上海”活动在8号桥举行，使该园区增加了知名度。10月30日，上海市副市长胡延照率市经委主任徐建国等人视察8号桥。胡延照提出，在两年内全市要建成50个类似8号桥的创意园区。12月27日，8号桥落成典礼举行。2005年1月12日，上海汽车工业（集团）总公司总裁胡茂元视察8号桥。出于上汽对园区的满意，在上海市经委的协调下，上海华轻投资管理有限公司与上海汽车制动器公司先后签订了延长建国中路8号租赁期限的补充协议以及建国中路25号、丽园路501号的租赁协议。至此，8号桥成为上海工业文化遗产产业的一个典型，既是老厂房改造利用的典范，又是创意产业园区之标志。为了保持8号桥的创意特质，鲍炳新要求园区严格筛选招商对象，使8号桥内只进驻了设计与咨询这两类企业。2010年1月16日，胡锦涛视察了8号桥。胡锦涛指出，创意产业蕴藏着巨大发展潜力，要进一步做好园区规划，不断完善服务体系，努力营造创新氛围，真正把创意产业培育成上海经济发展的新亮点。胡锦涛的指示也使鲍炳新和8号桥进一步明确了使命与方向。

在鲍炳新以建国中路8号老厂房为依托从事工业文化遗产的改造利用时，上海市政府同样也推动他进入工业旅游领域。综合目前的记载看，受上海市经委副巡视员夏雨的推动，鲍炳新于2004年成立了上海工业旅游发展有限公司，一年后成立了上海工业旅游促进中心。与鲍炳新此前的事业相比，上海工业旅游促进中心具有一定特殊性，它并非企业，而是一个民间非营利组织。据该中心官网介绍："上海工业旅游促进中心（简称'中心'）是由上海市经委批准，受上海市文化和旅游局指导，在上海市社团管理局登记注册的5A级社会组织，是配合政府实施经济方式由生产型经济转向服务型经济，优先发展现代服务业和先进制造业，实现二、三产业融合，打造都市旅游，挖掘和整合工业旅游资源，推动工业旅游发展，丰富国际大都市旅游产品的专业服务机构。"鲍炳新将上海工业旅游促进中心称为一个"三无两有"的民间非企业组织。所谓"三无"，指该中心与它的主管单位上海市经委无"资金拨付、人事任命、上下级隶属"关系；所谓"两有"，是指有"政府业务指导及购买服务"的关系。换言之，上海市政府利用上海工业旅游促进中心这一社会组织来推动上海工业旅游的发展。值得注意的是，上海工业旅游促进中心与主管工业的上海市经委有直接的渊源关系，而非由文旅系统派生出来，这倒颇符合工业旅游附属于工业的性质。

上海工业旅游促进中心成立后，在2005年内推出了上海工业旅游网及《工业旅游发展动态》，并与上海市老龄事业发展中心等共同组织策划了"上海老人看发展——百年工业回眸"活动，拉开了上海工业旅游线路推广的序幕。10月10日，该活动正式启动，首批推出了汽车之旅、中华之旅、航天之旅、交通之旅、创意园区8号桥之旅等多条工业旅游线路，此后50天内，共组织近1万名退休工人参加活动。这里要强调的是，8号桥这一工业文化遗产被列入工业旅游线路，在当时有一定的创新性。毕竟，中国社会要到2006年才开始真正较多地接触工业遗产这一概念。2005年年底，8号桥成功申报为国家旅游局的第二批全国工业旅游示范点，在申报时，就连上海工业旅游促进中心也曾以为只有工厂企业才能参加全国工业旅游示范点的评选。

由此可见，工业遗产旅游作为工业旅游的一个种类，在2006年前的中国并未被人们广泛认识。从相关记载看，8号桥申报为第二批全国工业旅游示范点具有一定的偶然性。2005年11月，上海师范大学旅游学院副院长高峻陪同国家旅游局人教司司长李悦中视察8号桥，由于8号桥被认为符合打造资源节约型、环境友好型“两型社会”的国家战略，鲍炳新即询问8号桥是否可参评国家旅游局的全国工业旅游示范点评选。李悦中当场表示回京后与相关司局沟通。视察结束后第三天，鲍炳新让助理刘青电话联系李悦中，得到肯定答复，但李悦中表示申报尚需得到上海市旅游委的认可，于是，鲍炳新赶紧嘱咐刘青与上海市旅游委联系。上海市旅游委获悉情况后，第二天即派人到8号桥进行调研，当即表示支持，同时希望再找一家能代表上海产业发展水平的工业旅游景点一起上报国家旅游局。鲍炳新马上打电话给上汽集团总裁助理，希望上海大众一起申报全国工业旅游示范点。由于上海大众在2004年落选了美国《财富》杂志评选的世界500强，故一度对参加评选兴趣不大，认为开展工业旅游会影响正常生产，但最终还是同意，经过紧张准备，和8号桥双双入选。

回顾这段历史，可以看到的是，鲍炳新在缺乏经验与前例的情况下勇于争取机会的企业家精神，对8号桥申报为全国工业旅游示范点，起到了决定性的作用。8号桥是上汽集团的工业文化遗产，鲍炳新能够利用这层关系，动员上汽集团更符合工业旅游常规景点的上海大众一起申报，也构成促使8号桥申报成功的独特优势。更为重要的是，8号桥属于上海工业旅游促进中心的景点资源，8号桥成功入选全国工业旅游示范点，提升了该中心在工业旅游领域的存在感，对其业务的开展极为有利。

从2006年开始，上海工业旅游促进中心采取各种形式推动上海市工业旅游的发展。该中心在上海市经委、旅游局的指导下，编制上海市工业旅游专项规划，从2007年开始提出并承担编制工业旅游地方标准《上海市工业旅游景点服务质量要求》，整合江浙沪100余家工业旅游景点，编印上海工业旅游年票，自2008年起还举办工业旅游专题培训班。这些举措，从上海市工业旅游政策的角度说，属于标准的政府向社会组织购买的服务。因此，上海市工业旅游的兴起与壮大，是政府利用社会资源与社会力量的产物。

对上海工业旅游促进中心来说，上海工业旅游年票的推出，既是一项创新，又是一个突破口。在中心成立之初，鲍炳新一直强调“游客、景点、旅行社”，希望中心走产业化道路。2006年7月26日，中心员工高慧偶然了解到北京博物馆联票的做法，便向鲍炳新汇报，鲍炳新次日即安排曹福平、刘青、高慧去北京学习，等这三人返回上海后，当机立断决定编制工业旅游年票。年票的制作大概花费了3个月的时间，工业旅游景点方面比较配合，因为年票不向他们收费，而是在为他们做宣传。制成后的年票是一本64开200多页的口袋书，共97个景点，占当时上海167家工业旅游景点的六成。年票的吸引力在于其优惠的价格，近

100个景点的门票原价为4900元，持年票于2007年内游遍这些景点，可以减免2088元，其中，24个景点免费，70个景点可享受四折至九折优惠。此外，年票上有对每个景点的介绍，包括开放时间、接待对象、停车方位、行车路线及周边景点等，方便游客游览。实际上，鲍炳新及其团队此前从未涉足过旅游业，上海工业旅游年票的推出，既是上海工业旅游促进中心服务上海市工业旅游的重要举措，也是该中心锻炼人才，真正进入新产业的知识与技能学习过程。

在突破行业壁垒方面，对上海工业旅游促进中心具有重要意义的事件，还包括成为组织游客参观洋山深水港的指定接待单位之一。2005年12月22日，东海大桥建成通车，洋山深水港正式开港，中国首个保税港区封关运营，不少上海市民想对其一睹为快。但东海大桥与洋山深水港毕竟是作业工作场所，不是纯旅游景点，为了满足广大市民的愿望，洋山深水港保税区管委会与上海市旅游局协商决定，按照有计划、有组织、有控制、有条件的“四有”原则，在上海市指定三家单位组织游客参观。鲍炳新获知消息后，认为这是上海工业旅游促进中心扩大影响、提升知名度、推动工业旅游发展的难得机会，遂积极争取。一方面，鲍炳新主张洋山深水港旅游既是都市旅游，也是工业旅游，符合上海工业旅游促进中心整合上海工业旅游资源的职能，且中心有条件、有能力按照“四有”原则做好工作；另一方面，上海工业旅游促进中心在《解放日报》和《中国旅游报》发布公告，宣布中心与上海市28家旅行社携手合作，组织洋山深水港旅游首先从28家合作旅行社开始，以示其非营利性平台属性。最终，南汇区旅游局、上海旅游集散中心与上海工业旅游促进中心这三家单位成为指定单位。从2006年4月至8月，上海工业旅游促进中心联系了多家旅行社，建立合作关系，接待洋山深水港游客约6万人次，取得了良好的社会效果和经济效益。鲍炳新回忆称：“那时组织观看洋山深水港这个业务非常抢手，当时指定接待的三家单位就有我们旅游促进中心，其他两家是上海旅游集散中心、南汇区旅游局。我们能够得到这个项目，与之前的‘上海老人看发展——百年上海回眸’活动有很大关系，当时我们为了这个活动能够顺利举办，采取薄利多销的方式，市退管办非常感谢我们，那些参加活动的老人也对我们表示称赞。”薄利多销既是一种经营策略，也符合上海工业旅游促进中心作为非营利组织的定位。争取成为洋山深水港旅游指定接待单位，再一次体现了鲍炳新作为企业家的进取精神，也使上海工业旅游促进中心因为能够得到稀缺旅游吸引物而提升知名度，巩固其在旅游业中的地位。

上海工业旅游促进中心发展初期，与日本饮品企业养乐多公司（Yakult）的合作也是具有标志性的业务。2007年，养乐多（中国）投资有限公司在上海嘉定区创建了一个工厂，已经开展工业旅游，主要针对学生和社区居民，一天接待游客 100 人左右。当时，上海工业旅游促进中心在 8 号桥楼顶放置了宣传工业旅游年票的广告牌，养乐多工业旅游的负责人一次开车经过时，刚好看到，得知有工业旅游促进中心这样一个组织，遂主动和中心联系，希望中心对他们进行辅导、宣传。中心员工刘青和许克俭回忆称："这是一个推广工业旅游的好时机，鲍总与曹福平立即与嘉定区旅游局沈云娟局长一起考察，对养乐多开展工业旅游提出一些建议。不久，有一个闸北的旅行社希望我们中心为他们推荐几个工业旅游景点，他们专门针对学生市场。我们就推荐了养乐多，他们就组织闸北的学生去养乐多，当时参观人数激增，本来是每天 100 人，那时一天就有 1000 人。"养乐多工业旅游的宣传效应立竿见影，闸北区的一个大润发超市，那阵子养乐多的销量一下子增加了几倍。在这一案例中，上海工业旅游促进中心发挥了为工业旅游供应商提供咨询与介绍客源的服务，通过将供需双方撮合到一起推动工业旅游的发展，实现了上海市政府所期望的目标。与工业文化遗产 8 号桥和大型工程洋山深水港不同，养乐多是生产日常消费品的工业企业，其工业旅游能与消费直接关联，具有更强的经济性，这对上海工业旅游促进中心来说，也是工业旅游类型的重要拓展。

总而言之，尽管上海工业旅游促进中心是一个非营利社会组织，但它背后有企业进行支撑，也按照企业经营的方式运作，较好地发挥了服务上海工业旅游产业的职能。该中心自己总结的主要经验就以创新为核心。一方面，上海工业旅游促进中心自认为其"敢想善做"，能够"冲破部门条块观念的藩篱"，称："我们以无中生有、占领高地、跑马圈地的思维开疆拓土，在资源整合、景点开放、活动策划、市场定位、主题影响、创新模式等方面一年出一招，年年有新招"；另一方面，上海工业旅游促进中心能够以机制创新为突破，探索工业旅游的新模式，其中尤为重要的是发挥平台功能："在合作模式上，提出不与旅行社争利，不跟旅游景点谈价格，而是整体推进、全面包装、加大宣传、扩大影响。"当然，不得不指出的是，上海工业旅游促进中心的成功，既离不开上海市政府的支持，也与上海整个城市的经济发展程度、居民收入水平、教育与文化氛围、工业旅游供应商的态度有密切关系，其成功经验无法简单复制。

经过多年发展，在上海工业旅游促进中心的推动下，上海的工业旅游在全国范围内已相对成熟，形成了工业遗存、工业博物馆、制造类工业旅游、民生类工业旅游、重大工业文明成就、长三角工业旅游这六大类型，以及工业遗存体验之旅、智能生活探秘之旅、智慧城市互动之旅、极速汽车动感之旅、重工制造辉煌之旅这五条推广线路。

值得一提的是，在上海工业旅游促进中心推广的线路中，工业遗存体验之旅主要涉及工业遗产旅游。实际上，除工业遗存体验之旅这条线路外，上海可供参观游览的工业文化遗产尚多。整理上海工业旅游促进中心推介的工业遗存景点，从中亦可窥见上海工业文化遗产保护与利用的一般情形。

毫无疑问，上海工业旅游促进中心建立和掌握了一个上海工业旅游供应商的名录。由于企业和市场的变动性，这种名录每年必须更新，一些供应商会进入；另一些供应商则会退出，而上海工业旅游促进中心参与制定的标准，则成为一种筛选与评价机制，保障名录的可靠性与时效性。对于其他地区发展工业旅游来说，创建一个具有中介功能的服务平台去整合各方资源，是上海经验所能给予的最大的启发。

工业遗存是否值得保留并成为工业遗产，既取决于某些情感性的理由，如老工业社区的怀旧情结；又受制于某些功利性的价值评估，如工业遗存的可保留部分是否能够实现合理的投入产出比。整体而言，工业文化遗产历史与文化价值中的工业精神是其核心价值，是能够发挥教育传承功能的部分。而唯有教育与传承，才能够赋予工业文化遗产真正持久的生命力。要发挥工业文化遗产的教育与传承功能，依然必须具备产业视角，有效利用工业旅游等产业，以工业遗产博物馆等为载体开展劳动教育与研学活动，打造地区经济与文化良性互动的新循环。工业文化遗产作为一种课程资源，对于在青少年学生中开展劳动教育具有重要价值。

（四）案例 2——有特色的泉州工业旅游

以福建泉州为例，其工业旅游特色是消费品工业旅游。消费品工业的产品与民生日用有直接关系，该类企业最有意愿成为工业旅游供应商。那些产品远离普通消费者的工业企业，其开展工业旅游的目的主要在于展示与传播自己的品牌及企业文化，通常并不包含产品销售环节。事实上，某些生产资本品的工业企业，如钢铁厂、化工厂、造船厂、飞机厂或铁道机车厂，因为安全和保密等问题，不太愿意开展工业旅游以打乱正常的生产秩序。这类工业企业通常也无法从工业旅游项目中获取直接的经济利益，但消费品工业不同。生产日常消费品的工业企业，通过展示生产过程，并在生产现场深入介绍产品的特点，可以激发参观者的兴趣，使参观者全面了解产品的优点，从而产生购买产品的欲望。如此一来，消费品工业企业开展的工业旅游，具有直接的产品销售功能。因此，消费品工业旅游在工业旅游中可谓最为普遍的一个种类，堪称工业旅游的主体。

其实，早在工业革命时代，消费品工业旅游的原型就兴起了，促进了工业革命所需市场的形成。在 18 世纪后期的英国，展览式工厂（showcase factory）出现，成为许多追求进步的欧洲大陆游客和英国乡绅、贵族的旅行目的地。毫无疑问，一些生产消费品的工厂可以直接对游客出售产品，而部分游客也将工厂之旅当作一次购物旅行。例如，1766 年，谢尔本勋爵（Lord Shelburne）考察了伯明翰的五金制造业，谢尔本夫人在两天的旅行里去了 3 家工厂，购买了表链和一大堆小饰品，还收到了作为礼物的绘有风景的瓷质盒子。著名工业家博尔顿（Bolton）则在 1767 年描绘了自家工厂的参观接待场景："昨天我接待了几位先生和女士；今天我接待了法国人和西班牙人；明天我还要接待德意志人、俄罗斯人和挪威人……几乎不曾有一天没有显要人物来访。"当时的工厂参观主要针对的是达官贵人等消费者群体，但已经具备了将展示工业技术进步等工业文化与售卖产品的营销行为结合在一起的消费品工业旅游的特性。

中国各地的工业旅游大多都以消费品工业旅游为主，其中，福建泉州非常具有特色，因为泉州的消费品工业旅游与工业遗产旅游具有较高的融合度。泉州是海上丝绸之路名港，在宋元时代繁荣一时。丝绸、陶瓷与茶叶是海上丝绸之路的重要商品，而在泉州港口背后的福建腹地，这三种产品皆有生产。以瓷器为例，泉州内陆的德化，素来闻名天下，发现古窑址 180 余处。泉州内陆各地均有丰富的制瓷原料，尤其是德化阳山、观音岐等地的优质高岭土矿，质地细腻，颜色洁白，可直接制坯，不用调和其他原料。德化的屈斗宫窑，宋元时期以烧造青白瓷为主，器物有碗、高足碗、盘、折腰盘、瓶、罐、壶、盒、军持，装饰有印花和划花。该窑明清时期在元代白瓷的基础上，进一步烧制出质地坚硬、釉呈牙白色的器物。泉州内陆地区典型窑场遗存概况，如表 5-1-2 所示。

表 5-1-2　泉州内陆地区典型窑场遗存概况

窑场	胎色	胎质	釉色
碗坪斋窑	白、灰白、灰黄	较细腻	青白釉为主，有的泛灰或泛青，兼有青白釉等
屈斗宫窑	灰白、白	致密	白釉为主，兼有青白釉
祖龙宫窑	洁白	细腻、紧密	白釉为主，兼有青白釉
甲杯山窑	洁白	细腻、紧密	白釉为主，兼有青白釉，最为突出的是乳白釉
杏脚窑	白	细腻	白釉为主

德化不仅存在古窑址等传统手工业遗址景点，其现代瓷业也发展出了多样态的工业旅游。其中较为典型的是顺美集团的工业旅游。顺美集团起源于 1986 年

郑泽洽和王美美夫妇带领兄妹创办的家庭作坊，1989年用“顺德”字号创办顺德纸箱装潢厂，1995年期间创办顺德瓷厂，郑鹏飞任总经理，1996年产值超3000万元。1997年该厂重建新厂房，1998年该家族组建了福建泉州顺美集团公司，并取得自营进出口权，向国外出口陶瓷产品。顺美集团在经营出口业务的同时，打造了顺美陶瓷文化世界这一工业旅游项目，包括顺美陶瓷文化生活馆、顺美海丝陶瓷历史博物馆、小瓷部落之陶瓷创意观光工厂、DIY陶艺坊以及顺美党建示范基地等。以顺美陶瓷文化世界为基础，顺美集团推出了陶瓷文化研学，课程环节分为：①参观顺美海丝陶瓷历史博物馆，了解陶瓷历史；②参观顺美集团的观光工厂，探索陶瓷的制作工艺；③在DIY陶艺坊进行动手体验。在实践之外，研学课程还包括课题讨论，如“德化为什么被称为世界瓷都”等。在参观观光工厂的环节中，学生亲临生产一线，感受工厂的流水线作用，形成系统的作业概念，并了解陶瓷的生产过程，其主要参观的生产场所为瓷土加工基地、陶瓷成型和陶瓷烧制车间。2019年，顺美集团总接待来访人数达20多万人，其中接待的海内外研学旅行中小学生达2万多人。

茶叶是海上丝绸之路的重要产品，福建是中国主要的茶产区之一，武夷山岩茶、福州茉莉花茶等享誉中外。泉州安溪的铁观音也是中国传统名茶，是乌龙茶的代表。福建省安溪茶厂有限公司是处工业文化遗产，其前身国营福建安溪茶厂创建于1952年，是乌龙茶精制加工业中最早实现机械化生产、最早建立乌龙茶标准、最早拥有自营出口权的企业。安溪茶厂目前遗留有4座1957年毛茶仓库、1座1972年毛茶仓库、1座1958年职工宿舍、1座1957年小包装车间、1座1976年筛分车间、1座1979年办公楼以及自行制造的吊杆式平面圆筛机、73型拣梗机、滚筒圆筛机、无烟灶、乌茶精制流水线等物质遗存。安溪茶厂工业遗产是中国乌龙茶行业工业化历程的见证，也是闽南茶业的代表之一。该工业文化遗产将海上丝绸之路的传统文化与新中国的工业文化，有机融于一体。目前，福建安溪铁观音集团已对安溪茶厂划定工业遗产保护区，并开展工业旅游与工业文化研学。可以想见，当普通游客和商务旅行者参观完安溪茶厂的工业遗址后，会在接待中心休憩品茗，进而购买铁观音茶叶。因此，安溪茶厂的工业旅游项目是消费品工业旅游与工业遗产旅游的结合。

类似的结合还有位于泉州晋江的七匹狼中国男装博物馆。福建七匹狼实业股份有限公司是晋江著名的服装企业，起步于改革开放初期的家族小厂。七匹狼中国男装博物馆位于晋江市金井镇，系利用七匹狼公司的旧工厂改造而成，还连接着公司经营家族的住宅旧址，反映了改革开放初期中国南方民营工业企业的发展形态，称得上是工业文化遗产。博物馆共6层，包含企业发展展厅、古代男装展厅、产品检测中心、技术中心、狼文化展厅、百年男装展厅和男士优质生活馆等。游览七匹狼中国男装博物馆，不仅可以看到中国不同历史时期的男装实物，了解七匹狼公司的发展历程和企业文化，还能在技术中心观看先进的现代工艺，因此，该博物馆可以说是利用工业遗址来全景式地呈现男装行业的工业文化。毫无疑问，该博物馆会展示七匹狼公司的最新产品，在整个观光路线的最后一站，也是供游客休憩与挑选商品的空间，这就使工业旅游由文化延伸到了直接消费。

在泉州山地城区，泉州中侨（集团）股份有限公司经营管理的泉州源和1916创意产业园，既是典型的工业遗产旅游目的地，又是消费品工业旅游目的地。源和1916创意产业园已被评为工信部国家工业遗产，其遗产主体为源和堂蜜饯厂遗址，兼及邻近的面粉厂和麻纺织厂历史工业建筑群。源和堂蜜饯厂起源于1916年由晋江庄姓兄弟在青阳创办的作坊，1955年迁至泉州新门街，建起了1.11万平方米的新厂，并实现了蒸煮蒸汽化。蜜饯厂旁边的面粉厂建于1957年，曾是整个福建省的粮食调拨中心，遗留有由38个大圆筒仓面粉罐组成的大麦仓，具有壮观的工业景观。整个源和1916创意园的历史工业建筑有典型的闽南建筑特色，如坡面建筑屋顶、红砖灰瓦等。园区内建于20世纪50年代的工业建筑受当时条件所限，仅能建设单层大跨度建筑，其大跨度通过三角形的木屋架来实现，坡面屋顶挑檐则用来自由排水，以应对泉州多雨的天气，并减少室内外空气对流，维持室内气流的稳定，从而起到挡风、保温的作用。源和堂的蜜饯生产车间就是典型的双坡屋顶单层建筑。目前，源和堂蜜饯仍然是泉州特色产品，因此，源和1916创意产业园的工业旅游项目，既能让游客领略闽南历史工业建筑风貌，又能让游客了解源和堂的品牌渊源与文化，还能现场售卖蜜饯，将消费品工业旅游融入了工业遗产旅游中。

作为中国的消费品工业重镇，泉州还有不少工业旅游景点，如南安的石材企业英良集团建有具备展示作用的“五号仓库”，还自筹资金建立了石材自然博物馆。值得一提的是，福建省以及泉州市政府对于工业旅游采取了政策扶持。2019年，福建省工信厅、文旅厅、教育厅、自然资源厅联合制定了《关于加快推进我省工业旅游发展的意见》，提出把工业旅游发展与传统工业转型升级、工业园区改造提升相结合，统筹使用工业、旅游等领域的财政资金，支持工业旅游基础设施和公共服务设施建设，包括：①创建工业旅游示范基地，对列入省级工业旅游示范基地的，给予不超过50万元的一次性奖励；②推进工业遗产保护利用，对认定为国家工业遗产的，给予不超过80万元的一次性奖励；③培育工业旅游精品线路，对被列入省工业旅游精品线路，对线路核心组织运营方或旅行社给予不超过50万元的一次性奖励等。工业旅游在中国尚属规模不大且社会关注度不高的产业，政府以产业政策培育工业旅游供应商，将工业旅游与刺激消费相结合，对于构建以国内市场为主体的新的经济循环是极为必要的。

二、利用工业遗产促进教育的开展

（一）劳动教育开展的要求

工业遗存是否值得保留并成为工业文化遗产，既取决于某些情感性的理由，如老工业社区的怀旧情结；又受制于某些功利性的价值评估，如工业遗存的可保留部分是否能够实现合理的投入产出比。整体而言，工业文化遗产历史与文化价值中的工业精神是其核心价值，是能够发挥教育传承功能的部分。而唯有教育与传承，才能够赋予工业文化遗产真正持久的生命力。要发挥工业文化遗产的教育与传承功能，依然必须具备产业视角，有效利用工业旅游等产业，以工业遗产博物馆等为载体开展劳动教育与研学活动，打造地区经济与文化良性互动的新循环。工业文化遗产作为一种课程资源，对于在青少年学生中开展劳动教育具有重要价值。

劳动创造了人本身，工业的本质就是一种劳动。制造工具并运用工具进行劳动，是人类区别于动物的根本性的能力之一，而劳动工具自身的演化最终缔造了现代工业。工业文化具有崇尚劳动的价值观，因为只有劳动才能带来工业发展。“工业”（industry）一词从15世纪就出现在英文里，但那时所谓“工业”和今人般意义上所称的工业完全不同。根据雷蒙·威廉斯（Raymond Williams）的考证，industry有两种主要含义：其一为“人类勤勉之特质”，其现代用法的形容词为“industrious”；其二则为“生产或交易的一种或一套机制（institution）”，其现代用法的形容词为“indsutrial”。故而，industry一词最初指的是勤勉这种伦理品质，直到18世纪才开始指“一种或一套机制”，而18世纪正是工业革命开始的年代。勤勉是一种最基本的劳动伦理，英语里“工业”一词的原始含义可以追溯至勤勉，意味着人们很早就认识到了工业与劳动之间密不可分的关系。

工业与劳动的密切关系，使崇尚劳动的价值观成为工业精神的一部分。换言之，开展劳动教育，就是真正在教育中落实工业精神。可以说，劳动教育是促进工业文化发展的有效途径，而工业文化的发展也会为劳动教育提供动力与资源。劳动是人类社会存在的基础，与劳动相关的教育思想和教育实践源远流长。

例如，有学者将中国的劳动教育追溯至传统农业社会中的“耕读传家”，称：“古代先民将‘耕’和‘读’结合起来，希望拥有耕读相结合的生活方式，因此白天从事农业劳动与晚上挑灯读书共同构成了我国独特的耕读文化，这与我们所强调的实践和学习相统一的劳动教育是不谋而合的。”这种观点将劳动教育视为书本学习与劳动实践的结合，并构成特定的文化和生活方式。实际上，劳动教育的重要目标是培养人格健全的劳动者，而这种培养方式首先就是一种价值观的塑造。就此而论，传统文化中对“劳心”与“劳力”的区分及其高下评判，并不能真正导向对劳动的尊重与崇尚。现代社会中的劳动教育的确立，具有不同的文化背景与实践基础。近代中国教育家黄炎培、陶行知、晏阳初等都倡导过劳动教育，其主张多与职业教育和平民教育相结合。黄炎培实践其教育理想的重要基地中华职校，规定学生入学时一律要写誓约书，其首条便是“尊重劳动（学生除半日工作外，凡校内一切洒扫、清洁、招待等事，均由全体学生轮值担任）”。黄炎培的理念，延续了中国传统耕读文化中学习与劳动合一的逻辑，又赋予了这种逻辑以新的意义，将其由一种生活方式的需要转变为理论上的自觉。

毋庸置疑，近代中国的劳动教育是受到马克思主义影响的。马克思主义给了现代劳动教育以科学的理论基础和蓬勃的生命力。劳动与生产决定了人的存在。马克思和恩格斯指出，劳动作为人类社会存在的基础，既是平凡的，也是神圣的。劳动的平凡性，体现于其无所不在，而无所不在的劳动之须臾不可或缺，恰恰又赋予了劳动以神圣和伟大。这是劳动亦凡亦圣的辩证法。资本主义制度的问题是，在剥削体制下，劳动者被贬低：“物的世界的增值同人的世界的贬值成正比。劳动生产的不仅是商品，它还生产作为商品的劳动自身和工人，而且是按它一般生产商品的比例生产的。劳动所生产的对象，即劳动的产品，作为一种异己的存在物，作为不依赖于生产者的力量，同劳动相对立。”马克思主义的科学性和伟大意义，在于要使劳动者和其劳动产品实现统一，使劳动重归光荣。劳动是光荣的，因为劳动塑造了人本身，这是必须通过教育来传递的正确价值观，也只有在这种价值观的支配下，社会才能通过劳动为劳动者自身创造幸福。劳动教育乃是社会主义先进文化的一部分，这种教育既是社会主义先进文化先进性之内涵与体现，又巩固着社会主义先进文化。

在马克思主义劳动教育的体系中，苏联教育家苏霍姆林斯基在实践基础上进行的理论总结极具启发性。苏霍姆林斯基的劳动教育目标是给苏联培养高素质的劳动者，其实践也脱离不了苏联计划经济体制的具体特性，但其理论具有普遍性和一般性。苏霍姆林斯基并没有将劳动教育简单地看成职业技能培训或实践教学，而是将劳动教育上升至道德教育的高度，指出劳动教育的意义在于使学生“做好劳动准备”，而“所谓做好劳动准备，首先是指在道德上做好准备以及要有热爱劳动的思想”。苏霍姆林斯基的劳动教育理论既包含体力劳动，又包含脑力劳动，而他也看到了这两者在教育和生活中的矛盾性。苏霍姆林斯基敏锐地意识到了，随着苏联经济社会的发展，脑力劳动的重要性日益凸显。但在学校教育中，对于脑力劳动的培养可能会带来对体力劳动的贬低，这一问题无法通过简单地提高体力劳动教育的比重来解决，只能培养学生重视体力劳动的价值观。他写道：“我们在教学过程中所培养的而且也应当培养的学生对于脑力劳动的热烈追求，本身就蕴藏着轻视体力劳动的危险。出现这种矛盾是难免的……为了克服这一矛盾，单靠机械地增加学生体力劳动的分量是不行的。我们应当努力做到使学生所完成的体力劳动进入他们的精神生活，占据他们的思想、情感和意志。”换言之，重要的是使学生在体力劳动的过程中认识到体力劳动的价值和意义，这就需要在引导学生从事体力劳动实践的同时，进行理论上的讲解和教育。通过自己的教育实践，苏霍姆林斯基认识到劳动教育只能是一种引导和建构的过程，不可能指望学生自己在劳动实践中自发地产生崇尚劳动的意识。相反，他指出了在劳动教育中缺乏理论学习的危险：“在最初一段时间内，对于真正的劳动，儿童感到的失望比他感到的疲劳还来得更早些。只有当儿童意识到自己努力的创造作用，认识到劳动的社会意义时，才能培养出他对劳动的真正的爱。如果缺乏这种自觉的因素，强制只能碰上学生的抵制情绪，强制的力量越大，抵制的情绪就越强烈。”

劳动教育的关键在于使学生意识到劳动的意义，而劳动的意义与肉体所进行的劳动过程是独立的，必须在思想层面加以确认。如此一来，苏霍姆林斯基的劳动教育实际上是一种全方位的教育，并非简单地让学生参加体力劳动或动手实践，而是在教育的各个环节都努力渗透崇尚劳动的价值观，培养学生对劳动的热爱。例如，他会组织学生与劳动者会面，让学生听优秀劳动者的讲座，以期系统地影响学生的精神世界。他指出：“学生与那些热爱劳动而又善于鼓舞人心地谈论劳动的人们交往，会对孩子们产生巨大的影响。可以毫不夸张地说，学生的命运在很大程度上取决于他们在童年、少年、青年期间与怎样的人接触，在怎样的场合接触，以及这些接触引起了他们哪些思想、情感和愿望。”再如，对于通常被认为与劳动教育无关的人文学科，苏霍姆林斯基也看到了其在塑造学生劳动意识方面的作用。他指出工业文学的重要性：“阅读反映工业生产劳动者的文艺作品，对其余一些学生产生了重大的影响，他们都自觉地决定在毕业后去当车工、钳工、电工等。”历史课如果用来讲授工业史，同样能够贯彻劳动教育：“历史课程（特别是苏联历史）对于教育学生具有很大的可能性。历史课程对于培养学生正确的劳动观点的意义就在于：首先通过表现人民的劳动来揭示人民作为历史创造者的作用，讲清关于苏联人民在劳动中的忘我精神跟在战场上建立功绩具有同等价值的思想。”苏霍姆林斯基一再反对将劳动教育简单化为技能培训或参加体力劳动，他认为人文学科只要设计适当的教学内容，就可以发挥劳动教育的功能：“让学生做好生活和劳动的准备，绝不只是限于掌握一些范围狭窄的技能和技巧。在培养学生做好劳动准备的工作中，人文学科的地位和教育价值取决于教材内容本身有教育性和方向性，它与学生的思想感情、积极活动能够联系起来。”基础教育毕竟不同于职业教育，基础教育中的劳动教育不可能系统传授职业技能，而始终只能是以塑造学生崇尚劳动的精神与价值观为其要旨。

苏联长期奉国家工业化为其国策，因此，在苏霍姆林斯基的劳动教育中，引导学生对工业产生兴趣和热爱占了很大比重。对于在自然科学的教学中贯彻劳动教育，苏霍姆林斯基认为：“在工业生产中，劳动的智力方面以更鲜明、更使人信服的形式表现出来，这一点大大增强了物理学的教育可能性。”在这一领域重要的是实践。他举出一位物理教师的例子，该物理教师在六年级讲解物体和物理现象概念的第一节课上，通常都带领学生参观工厂劳动，以期通过揭示劳动过程中产生的各种现象的实质来提高学生对劳动过程的兴趣。1952—1953 学年初，学生就去参观了机器拖拉机站的机械工场。另外有一次，当教师以金属切削机床的构造为例，讲解了直线运动、旋转运动、运动的传动、摩擦、平衡等现象后，参加小组活动的学生们不满足于仅仅理解机床的工作原理，还竭力想知道如何操纵机床以及使用机床去进行金属加工。这就将劳动教育与工业直接结合起来了。不过，从劳动教育的本质角度出发，劳动教育与工业的结合，主要还是工业精神在日常教学中的落实。苏霍姆林斯基在讲解如何通过历史课贯彻劳动教育时，举出的就是工业史教学的内容：“在教‘苏联为社会主义工业化而斗争’（十年级）这一课题时，教师上了一节题为‘苏联人民在为社会主义工业化而斗争年代里的劳动功绩’的课。这节课上列举了许多反映工人和农民的劳动英雄主义精神的鲜活事例。教师讲述了关于沃尔霍夫水电站的建设者的劳动情况，关于第一台国产拖拉机和第一部国产汽车的制造经过，关于斯大林格勒拖拉机制造厂和土耳其斯坦——西伯利亚铁路的建设者的事迹，援引了关于第一批劳动突击手的劳动情况的生动例证。建设社会主义的历史作为普通的苏联人的劳动的历史而呈现在学生面前，使他们形成劳动人民是历史的主要的、决定性力量的观点。”工业精神是靠劳动精神支撑的，工业精神通过劳动教育来落实，可谓顺理成章。反过来说，劳动教育也包含着对工业精神的传承。由于工业精神是工业文化遗产的核心价值，所以将工业文化遗产引入基础教育中，可以充实和拓展劳动教育。

（二）将工业文化遗产与课程资源结合

学习既是一种个体与其所处环境的互动过程，也是一种心理的获得过程，发生在个体互动所蕴含的冲动和影响之中。心理学家已经提出了大量的学习理论，并将其运用于教育中。新的学习科学关注人的认知过程，将人类看作由目标指引、积极搜寻信息的行动者，这些行动者带着丰富的先前知识、技能、信仰和概念进入正规教育，而这些已有的知识极大地影响着人们对周围环境的关注以及组织环境和解释环境的方式，也影响着他们记忆、推理、解决问题、获取知识的能力。总而言之，学习就是一个学习者以一定的动机驱动，吸收外部信息，并将外部信息与头脑中已有的知识进行整合，使外部信息内化于已有知识体系的知识迁移过程。

综合各种学习理论，可以发现，学习动机、先行知识、知识迁移等学习过程中的因素，各派理论均承认其存在。因此，可以构建一个相对简单的学习过程模型，如表 5-1-3 所示。

表 5-1-3　学习过程模型

学习的阶段	学习者启动学习	学习者置身学习环境中（投入）	学习者学习结果（产出）
学习者状态	先行知识结构 维持学习动机	激发学习动机 搜寻与吸收外部新信息 将新信息整合进已有知识结构	实现知识迁移（成功） 未实现知识迁移（失败）

从模型可知，学习是学习者从一种状态转化到另一种状态的动态过程，而在这个过程中，学习动机既起到启动整个学习过程的作用，又起到维持学习过程，使其持续进行直到实现某种结果的作用。因此，学习动机在学习过程中极为重要。学习者对摄取新信息的兴趣，在很大程度上决定着学习者对学习过程的投入，对学习过程的产出有直接影响。教育者的重要任务就是要激发学习者的兴趣，使其产生自觉主动去搜寻信息的学习动机。学习者接触的外部新信息，其内容本身的吸引力高低也会影响到学习者学习动机的强弱。对于劳动教育，工业文化遗产可以成为一种激发学生学习兴趣的具有吸引力的资源。

广义的课程资源是指有利于实现课程目标的各种因素，它是形成课程的要素来源以及实施课程的必要而直接的条件。例如，历史课程资源指有利于历史课程目标实现的各种资源的总和，如历史教材教参、历史读物、历史文物、历史遗迹、历史题材的影音资料、历史人文景观、历史专家学者等。以中学历史教学来说，既包含工业历史遗迹又能反映工业史的工业文化遗产，无疑是一种课程资源。

苏霍姆林斯基通过实践总结道："少年和青年有一个特点，就是他们向往那些包含着崇高思想（建功立业、与自然做斗争、美好的友谊和爱情等）的活动。学校的任务就在于，要使从事创造性的、内容深刻而丰富的劳动思想，也像建功立业、到远方去旅游的幻想一样占据学生的精神世界。要做到这一点，就必须善于对学生的思想施加影响，使劳动和劳动者在他们的心目中占有崇高的地位。"换言之，教育者要使用适合青少年心理特点的教学内容去激发青少年学习者对于劳动的兴趣。这样的教学内容不应该是枯燥的说教，也不能完全运用抽象的理论讲解，而要使用生动的案例去具体展现劳动的意义和价值，并使学生产生情绪上的积极感染。工业文化遗产中的非物质部分，如工业史等，可以为劳动教育提供丰富的教学素材。苏霍姆林斯基就曾感慨劳动教育课程资源的匮乏："起初我们遇到了很大的困难。虽然日常生活中有许多体现共产主义劳动态度的鲜活事例，然而在文艺作品和政论作品中却很少以生动形象的形式表现它们。很难找到一些篇幅不长、情节完整的作品能够把活生生的人，把具有丰富的精神世界的劳动者放在首要地位来加以描写。"他举了一些教师在教学中运用老工人事迹作为案例来塑造学生劳动观念的成功例子，一个学生在听取了老工人的事迹后，赞叹道："这是些真正的人。为什么不把他们的事迹写成书呢？"在苏霍姆林斯基提供的教学案例中，老工人的劳动事迹就是一种非物质工业文化遗产，体现了工业精神的工业史，实现了培育青少年学生劳动观念的教育功能。因此，在劳动教育中，工业文化遗产实际上可以成为一种激发并维持学生学习动机的新信息。

作为教学讲授内容的工业文化遗产主要是非物质的，构成了学习者所要学习的内容，即外部新信息。除此之外，物质工业文化遗产也可以作为重要的课程资源，为学习者营造容易吸收外部新信息的学习环境。苏霍姆林斯基的研究表明，尽管劳动是生活的基础，但对现代社会的青少年学生来说，由于在正式参加社会劳动前要经历漫长的学校学习阶段，所以劳动对他们来说是陌生的。同样地，尽管工业是现代社会的基础，但对于青少年学生来说，工业通常是远离他们日常生活的陌生之物。因此，工业文化遗产可以起到直观地展示劳动的作用，但工业文化遗产本身也必须直观而容易理解，才能激起学生较强的学习动机。物质工业文化遗产是有形的，可以帮助学生直观地认识工业，使其在头脑中形成关于工业的具体的形象，降低学生理解抽象概念与知识的难度。学习过程最终要实现的是知识迁移，就是将陌生的信息变为熟悉的信息，物质工业文化遗产作为课程资源，起到的就是增强陌生信息的可感知度与易理解度的功能。对学习者来说，熟悉就意味着可感知与易理解。将青少年学生带到工业文化遗产实地参观学习，有助于为学生创设熟悉工业文化的学习环境。

事实上，当工业文化遗产发挥劳动教育课程资源的功能时，其物质部分与非物质部分是可以结合在一起的。学生可以在物质工业文化遗产的现场学习其所包含的劳动精神等非物质工业文化遗产的内容。中信重工就是一个合适的课程资源案例。中信重工的前身洛阳矿山机器厂（简称“洛矿”）是焦裕禄工作过的地方，其申报为国家工业遗产的核心物项中，就包含有焦裕禄的劳动成果。1965 年 12 月，老一辈革命家、领导人习仲勋到洛阳矿山机器厂担任副厂长。他后来深情地回忆道：“我在洛矿的一年，实际上是上了一年的工业大学。我走出厂部，直接下到车间，与工人在一起，参加生产劳动；与工程师、技术人员打交道，学习求教，这使我的眼界大开，增长了许多工业生产和管理方面的知识。同时，我在工人师傅的帮助指导下，还学会掌握了一些具体的操作技术，用自己的双手参加产品的组装。通过与工人的共同劳动和交往，更使我亲身感受到工人阶级的高尚品质和优良作风。他们维护团结，遵守纪律，热情豪爽，坦率真诚，说实话，干实事，肯钻研，讲效率。他们是我的好老师、好朋友，是他们给我上了必要的一课。”习仲勋的回忆是中信重工重要的非物质工业文化遗产，他现身说法地阐述了劳动的价值与意义，是在中信重工的物质遗产空间里讲授劳动精神的天然教材。

因此，工业文化遗产作为劳动教育与工业文化教育的课程资源，同时为课堂学习和户外研学服务。在课堂学习中，青少年学生主要通过教师的讲授，利用非物质工业文化遗产了解工业的历史以及蕴藏于工业精神中的劳动伦理，树立尊重劳动与崇尚劳动的正确价值观，掌握有关劳动的基本理论知识。在户外研学中，青少年学生被教师带至物质工业文化遗产场所实地参观考察，参与各种与课堂学习相衔接的实践活动，直观地认识工业文化，并通过亲自动手实践培养劳动观念与劳动素养。课堂学习与户外研学是相辅相成的，遵循着用理论引导实践再由实践强化精神的认知规律。有西方学者指出，利用工业文化遗产作为课程资源，要在户外与教室之间形成一个闭环：“户外教学的目标首先在于学会如何搜集材料，回到教室后，从户外搜集来的信息要被共享和整理，以便被用来探索、研究和透视课程的主轴：空间、技术与社会。”在劳动教育中，课堂学习即言语讲授与户外研学，即劳动实践也是辩证统一的，恰如苏霍姆林斯基所言：“当学生在崇高的思想鼓舞下从事长期的劳动以后，他们对言语教育的接受性就大大加强了。观察的结果表明，在作用于学生精神世界的两个因素之间，存在着不容置疑的相互依存性和统一性。”当运用工业文化遗产作为课程资源进行劳动教育时，非物质工业文化遗产与物质工业文化遗产分别为言语讲授和劳动实践提供了有用的资源，发挥着其作为文化遗产应有的教育功能。

在西方国家，学校中进行工业文化遗产教学或者将工业文化遗产作为课程资源，已经有很长时间了。20 世纪 70 年代，活跃的民间力量，以及工业遗址或博物馆内的学习中心，为社会提供了一些教学资源，使工业文化遗产的教育打破了传统文化秩序的平衡。有学者指出：“工业遗产的知识领域结合了关于建筑、地理环境、人文环境、技术发展、劳动条件、技能、社会关系和文化展示的研究。简言之，这是一种通过收集物质与非物质证据而开展的对于具体时空中的创造性社会的研究。”相应地，学生在学习时，要从三个方面处理有关工业文化遗产的内容：空间、技术和社会。工业遗产的教学包含两个完全不同的方面，一方面是科学的维度，另一方面是人文的维度。科学的维度主要涉及学习与工业相关的自然科学知识，人文的维度则指向了历史教育：“学生必须学会将记忆与遗物联系在一起，从过去的时光中找到最重要的线索，并保持它们在历史语境中的意义。”实际上，在基础教育中，课程标准修订强化了劳动教育在中学历史课程中的渗透，而相关内容主要被安排在了涉及工业的课程内容中。在 2017 年版课程标准的选择性必修课程模块 2“经济与社会生活”中，内容要求“生产工具与劳作方式”是这么表述的：“了解历史上劳动工具的变化和主要劳作方式；认识近代以来大机器生产、工厂制度、智能技术等的出现对改变人们劳作方式及生活方式的意义；充分认识生产方式的变革对人类社会发展所具有的革命性意义。”这一表述虽然从总体上概述了人类生产工具的变革，但重点突出了工业革命所带来的劳作方式变化，其列举的大机器生产、工厂制度与智能技术这三个知识点，都属于工业文化的内容。而对这些工业文化知识点的讲授旨在使学生理解生产方式变革推动社会发展的唯物史观。换言之，2017 年版课程标准包含了利用工业文化知识点的教学来培养学生唯物史观的思路。不过，在总体未进行大改动的 2020 年修订版课程标准中，这一课程内容要求进行了较为明显的修订，其表述改为：“了解劳动在社会生产中的作用，以及历史上劳动工具和主要劳作方式的变化；认识大机器生产、工厂制度、人工智能技术等对人类劳作方式及生活方式的影响；理解劳动人民对历史的推动作用，以及生产方式的变革对人类社会发展所具有的革命性意义。”

修订后的表述并没有改变利用工业文化知识点的教学来培养学生唯物史观的思路，只是将“智能技术”改为“人工智能技术”，使表述更为严谨，而真正重要的修订在于明确增加了劳动教育的内容。修订后增加的“了解劳动在社会生产中的作用”以及“理解劳动人民对历史的推动作用”，不仅具体化了该课程内容要求所包含的唯物史观的内涵，还特别突出了劳动，很明显是要通过该课程内容落实劳动教育。对比修订前后的两版课程标准，可以清楚看到的是，普通高中历史课程将劳动教育落实到了涉及工业的课程内容中。这一思路合乎逻辑，也增强了利用工业文化遗产作为中学历史课程资源的价值。

因此，在目前的课程标准的要求下，中国的普通高中历史教学利用工业文化遗产，主要可以将工业文化遗产作为培养学生唯物史观核心素养的课程资源，并在培养该核心素养的过程中进行劳动教育。当然，正如五大核心素养不可机械地割裂，在高中历史教学中讲授工业文化相关内容或利用工业文化遗产课程资源时，也不仅仅只涉及理解劳动重要性这一唯物史观，还可以进行其他核心素养的培养。例如，整个中国工业史由于其后发展的特殊性，与抵抗外来侵略和追求国家富强有着紧密关联，产生了一批爱国企业家和工人阶级的爱国主义事迹，这是可以用来培养学生家国情怀的课程内容。再如，将学生带到工业文化遗产进行实地参观，可以利用户外教学的便利来培养学生的时空观念。总之，工业文化遗产是中学历史教学培养学生核心素养的有用资源，在中学历史教学中利用工业文化遗产，既有利于相关课程内容的讲授，对工业文化遗产来说，也是其真正发挥价值的途径。

第二节　对于中国工业遗产未来的思考

18 世纪之后的工业化给人类的生产方式、生存环境和景观带来了巨大改变。20 世纪 50 年代以来，工业遗产作为工业文明的遗存愈加受到关注。2003 年，国际工业遗产保护委员会强调工业遗产的四个基本价值：历史的、科技的、社会的、建筑或美学的价值。工业是近现代技术的基本载体。技术史研究是工业遗产价值认知的一个重要路径，因此，不同视角下的工业遗产研究受到国内外学界的重视。

第二次世界大战结束后，许多国家逐步调整产业结构，促进工业技术发展和升级，甚至向信息化方向发展，带动经济社会转型。发达国家率先解决如何处置大量淘汰的工业设施和设备等问题。早在 20 世纪 50 年代，英国人就重视起工业纪念物的保护和研究。到 20 世纪六七十年代，工业纪念物调查保护与工业考古学在欧洲和美国得以建立。国际工业遗产保护委员会（The International Committee for the Conservation of the Industrial Heritage）于 1978 年成立，在 2003 年通过有关工业遗产的《下塔吉尔宪章》。

改革开放以来，中国经历着一个产业升级、再创业和创新的过程。国务院在2007年要求在第三次全国文物普查工作中着重普查工业遗产、文化景观等。技术史学者将工业遗产视为历史研究的对象，将工业考古当作一种研究方法，为辨识和保护遗产做出了贡献。欧洲技术史学者率先调查研究工业遗产，提出了遗产保护、技术景观及其再设计等理论和现实问题，促进了技术史与考古学、博物馆学、文化创意产业等方面的交流与合作。中国技术史学者也适时关注到工业遗产，积极开展相关的学术研讨。2007年8月，第九届全国技术史学术研讨会将工业遗产与技术景观列为一个专门的议题。翌年7月，哈尔滨工业大学、中国科学院自然科学史研究所、中国科学院传统工艺与文物科技研究中心和中国科技史学会技术史专业委员会联合召开"全国首届工业遗产与社会发展研讨会"，讨论工业遗产的价值、保护、开发和利用以及老工业基地改造等问题。经过七年酝酿，中国科技史学会工业考古与工业遗产研究会于2015年9月正式成立，成为一个学术交流与合作的新平台。

国家工信部在2016年支持成立中国工业遗产联盟，从2017年开始评选工业遗产，且推出"国家工业遗产名单"。中国科学技术协会也在2018年开始发布"中国工业遗产保护名录"。

近年来，中国的政府机构、企业和学者开始致力于工业遗产的研究和保护，但人们对工业遗产的价值判断尚存在一定的局限性和认知偏差。鉴于这种状况，中国科学院自然科学史研究所组织编写"中国工业遗产示例"，联合国内众多技术史学者，发挥科技史学科的优势，有选择地阐述矿冶、机械、交通、能源、纺织、化工等领域具有代表性的28处工业遗产。这些遗产既包括古代遗存，又包括建设于19世纪末和20世纪的工矿企业、铁路和其他工程，图文并茂地介绍它们的历史概况、遗存现状及其技术史价值，借此为工业遗产调研、保护和开发事业提供学术支持。

中国工业遗产的研究和保护尚处于开拓阶段。哪些旧的工业设施与设备值得保护？如何处理好遗产保护与产业升级、社会发展的关系？这些都是我们亟待探讨的问题。事实上，工业遗产往往不同程度地兼有历史价值、科技价值、建筑价值和社会意义等。每个学科都应该发挥自己的专长，进行多学科的交叉研讨和协作，共同做好遗产保护工作。

我们可以以技术史为主要视角，尝试选择某些幸存下来的工业遗产，探讨它们的历史价值和技术上的开创性或典型性。例如，铜绿山铜矿代表着古代工业遗产，是中国古代发达的青铜冶铸技术和手工业的缩影。福州船政比上海江南机器制造总局幸运一些，留下了建厂初期建设的个别厂房。京张铁路标志着中国工程师掌握了近代科学技术，开始主持设计和建设铁路工程。钱塘江大桥是中国工程师设计和监造的铁路和公路两用桥。洛阳拖拉机厂是中国第一个拖拉机制造厂，是现代工业“156项工程”的一个重要代表。沈阳铸造厂是东北老工业基地转型发展的一个典型案例。

如今我国工业遗产研究进入主题化研究阶段，最大的特点是工业遗产的再利用朝着以消费功能为主导的“体验”主题方向发展，但工业遗产的研究尚处于学科构成单一、研究对象时空分布不均衡的状态，存在政策主体关注不够等问题，未来工业遗产研究需要关注以下内容。

①加强工业遗产的公共管理研究。

②深化工业遗产研究方法创新重点在于系统论仿真研究的介入以及多学科研究方法的协同。

③加强对工业遗产多学科、交叉理论与实践研究。

④结合我国工业遗产空间分布，加强对“小三线”城市工业遗产保护利用研究。

总的来说，中国遗留许多工业遗迹，可以将建筑、景观、文化等要素提取出来，运用场所更新设计的方式，赋予矿区内的矿业遗迹新用途的同时结合当地特色的红色历史文化资源，形成空间耦合关系，通过正确处理政府和市场关系找到合理的自身定位，做好新时代形象塑造，加大媒体等宣传力度，进而实现价值提升，这样就能既展示工业发展的历史原貌，串联好事件发展的历史脉络，完好保护历史文物、工业遗产，传承创新精神，延续历史文脉，又能实现激发工业遗产在新时代的新活力，促进国家的发展与基础设施的完善，处理好见证不同时期场所事件发展的新旧元素关系，打造地域特色、提升空间活力进而真正地达到遗产与环境互利共长，共荣共生！

工业遗产保护在中国属于新事物，目前还存在一些突出的问题。例如，有重建筑遗产和企业产品，轻视机器设备、生产线和工艺等遗产的倾向，好比“有饺子皮，缺饺子馅”。有些企业博物馆主要陈列自己的产品，却未展示生产这些产品的技术和机器设备。因此，总体来看，中国工业文化遗产的保护工作还较落后，其利用工作也大大落后于日本、德国等工业发达国家。实际上，日本、德国非常重视以工业文化遗产为依托发展工业旅游，从而将地区经济发展与工业精神教育融为一体。中国工业文化遗产保护与利用的最大阻力，是社会对工业文化遗产及其价值普遍缺乏认知。因此，保护与利用工业文化遗产，要做好宣传与普及工作，将工业文化遗产的利用与劳动教育场景的构建结合起来，真正使工业文化遗产这一工业文化的载体，发挥其弘扬工业精神的作用与应有的文化传承功能。在中国这样一个制造大国，政府部门有必要组织征集文物价值较高的工业产品、机器设备、建筑模型等多种可移动的工业遗产，创建国家工业遗产保护工作，以适应新时代经济、社会和文化的全面发展。

本书旨在以研究的形式为调研和保护工业遗产添砖加瓦。本书着重论述了工业遗产的价值，正如同工业文化遗产的价值是多元的，工业文化遗产的类型也是多样的。对工业文化遗产进行分类是一个难题。而且，即使在同一分类标准下，不同类型工业文化遗产的界限也不是泾渭分明的。需要认识到，工业发展具有不同的维度，包括内涵、空间与时间，每一种维度都可以单独构成工业文化遗产的分类标准。在这样的基础上，本书还对工业遗产保护与更新的策略进行了详细的论述，从多个方面出发对于工业遗产的价值、保护、更新与发展进行了深入的探讨。这部书汇集的研究心得还比较粗浅，难免有些疏漏和错误，敬请学界同人和读者们不吝赐教。

在此，笔者也呼吁更多的相关人员参与到对于工业遗产的探究中去，不能事不关己高高挂起，只有每个人都参与到这项工作中才能更好地促使工业遗产得到不断的发展。这并不是一件简单的事情，还任重而道远。

参考文献

[1] 郭帅 . 城市历史景观方法下的青岛殖民时期工业遗产保护更新 [D]. 青岛：青岛理工大学，2015.

[2] 姜静 . 大庆市工业遗产保护与再利用研究 [D]. 大庆：东北石油大学，2018.

[3] 刘慧 . 基于 303 厂改造的大湘西三线工业遗产更新研究 [D]. 长沙：湖南大学，2015.

[4] 沈小燕 . 杭州市工业遗产保护和更新改造研究 [D]. 杭州：浙江工业大学，2013.

[5] 李沐 . 城市更新背景下的工业遗产研究 [D]. 武汉：华中科技大学，2017.

[6] 季晨子 . 近现代工业遗产整体性保护与再利用研究 [D]. 南京：东南大学，2018.

[7] 刘伯英 . 中国工业建筑遗产研究综述 [J]. 新建筑，2012，（02）.

[8] 王晶，李浩，王辉 . 城市工业遗产保护更新——一种构建创意城市的重要途径 [J]. 国际城市规划，2012，27（03）.

[9] 杨栋智 . 绿色化理念下鲁西南煤矿工业遗产保护与再利用策略研究 [D]. 青岛：青岛理工大学，2019.

[10] 刘明 . 煤炭资源枯竭型城市工业遗产保护与更新研究 [D]. 青岛：青岛理工大学，2019.

[11] 李杨 . 城市更新背景下的工业遗产保护与开发问题研究 [D]. 西安：西北大学，2010.

[12] 曾志宏 . 城市复兴视野下的吉林省工业遗产保护与利用研究 [D]. 长春：吉林建筑大学，2017.

[13] 张雨奇 . 工业遗产保护性再利用的价值重现方式初探 [D]. 天津：天津大学，2016.

[14] 李瑾 . 共享理念下三线工业遗产开发利用规划研究 [D]. 绵阳：西南科技大学，2017.

[15] 吴少峰 . 泉州历史城区近现代工业遗产的特征与价值研究 [D]. 泉州：华

侨大学，2014.

[16] 方敏 . 长春地区工业遗产保护利用研究（1949 年—1976 年）[D]. 长春：吉林建筑大学，2014.

[17] 李勤，孟海 . 国外工业遗产保护和更新的借鉴 [J]. 工业建筑，2014，44（10）.

[18] 仲丹丹 . 我国工业遗产保护再利用与文化产业结合发展之动因研究 [D]. 天津：天津大学，2016.

[19] 于红，沈锐 . 天津工业遗产保护与再利用的规划策略 [J]. 现代城市研究，2013，28（08）.

[20] 许东风 . 重庆工业遗产保护利用与城市振兴 [D]. 重庆：重庆大学，2012.

[21] 吕正春 . 工业遗产价值生成及保护探究 [D]. 沈阳：东北大学，2015.

[22] 薛鸣华，王林 . 上海中心城工业风貌街坊的保护更新以 M50 工业转型与艺术创意发展为例 [J]. 时代建筑，2019,（03）.

[23] 毛逸飞 . 工业遗产保护更新研究 [J]. 山西建筑，2021，47（11）.

[24] 闫秋梦 . 文创产业导向下长春市工业遗产保护利用研究 [D]. 长春：吉林建筑大学，2020.

[25] 徐文俊 . 城市工业遗产保护与利用的对策研究 [D]. 南昌：南昌大学，2020.

[26] 桑月侠 . 景德镇陶瓷工业遗产的保护和利用 [D]. 景德镇：景德镇陶瓷学院，2015.

[27] 汪瑀 . 新常态背景下的南京工业遗产再利用方法研究 [D]. 南京：东南大学，2015.

[28] 李忠宏 . 工业遗产保护与再利用的“共生”策略初探 [D]. 北京：北方工业大学，2011.

[29] 申玲 . 港口工业建筑遗产保护与更新研究 [D]. 长沙：长沙理工大学，2008.

[30] 孙维晗 . 基于城市复兴视野下长春工业遗产保护与利用 [D]. 长春：吉林建筑大学，2016.